五十嵐敬喜
小川明雄 著

「都市再生」を問う

―建築無制限時代の到来―

岩波新書

832

読者へ——まえがきに代えて

東京、名古屋、大阪、福岡など日本の大都市で超高層オフィス・ビルや大規模マンションの建設ブームが続いています。

すでにオフィス・ビルは供給過剰で、空室率や賃貸料が下落する「二〇〇三年問題」がマスメディアを騒がせています。過剰なのはマンションも同様です。首都圏でも売れ残りが続出し、投売りが始まっています。

そうしたなかで、こうした超高層、あるいは高層建築物が、住宅地への侵入を加速させて、周辺住民の住環境や景観を破壊する現象がますます進み、建築紛争が激化しています。

これは明らかにミニ・バブルというべき現象で、それが崩壊するのは時間の問題です。激化する建築公害は、市町村や都道府県、そして政官財複合体に対する市民たちの不信と怒りを増幅させています。

不条理で、きわめて不幸な事態といわざるを得ません。

筆者たちは一〇年ほど前に、初めての共著である岩波新書『都市計画 利権の構図を超えて』を世に問いました。幸いに多くの読者に迎えられたのですが、残念ながらこの国の都市計画や土地政策はその後、加速度的にひどくなっています。

そこへ小泉純一郎内閣の「都市再生本部」の登場です。

前著でも強調しましたが、欧米では、土地の所有権には義務が伴うのは常識です。周辺住民の生活の質を保護する、あるいは景観を保全するために、所有権に厳しい規制をかけるのが欧米の都市計画です。

ところが、日本では、その規制が甘いうえに、ますます緩和されてきている、と筆者たちは前著で指摘しました。ところが、その後も規制緩和が嵐のように進んだのが現実です。

そして、小泉内閣の都市再生本部は、大都市の相当部分に、規制をすべてとっぱらう都市計画制度を導入してしまいました。どんな建物を建てようが自由だ、という都市計画は、言葉の形容矛盾です。

これはミニ・バブルの崩壊を早めるだけですし、大都市の街並みをますます醜くする愚策です。建築紛争はますます激化するでしょう。読者の隣りにいつ超高層オフィス・ビルや大規模マンションが壁のようにそそり立つかわからない事態になってきたのです。

しかも、小泉内閣は都市再生の名のもとに大都市圏の環状高速道路、大規模空港や港湾などを中心に、これだけ批判されているのに、公共投資を加速させています。土建国家といわれるほど公共事業をやってきて、この国の財政は自治体も国も破綻寸前なのにです。

この大都市重視というコインの裏側は、いわゆる地方の切り捨てです。地方の衰退は急速にすすんで目を覆うばかりです。

率直なところ、これが一国の政策かといわざるをえません。

この本では、こうした事態の現状を報告し、その背景を探り、事態の打開策を提案しています。

なお、この本では林立するビルやマンションを一般的な高層ビルやマンションと記述しています。しかし、法的にいうと、高さが三〇メートルから六〇メートルを「高層建築物」(東京都建築構造設計指針)といい、六〇メートルを超えると「超高層建築物」(建築基準法施行令第三六条三項)とされています。

第一章では、ミニ・バブルの現状を報告し、問題のありかについて言及しました。

第二章では、マスメディアの情報が少なかったためもあり、都市再生本部の動きを詳しく追っています。

都市再生本部は、ついに規制を取り外すという欧米では考えられない都市計画の破壊という暴挙に出ましたが、第三章では、そこに至る嵐のような規制緩和の連続だった前著以来の一〇年を検証しています。

　では、なぜ大多数の市民に百害あって一利なしの規制緩和が続くのでしょうか。第四章ではその答えを探っています。

　政治家や官僚、財界の指導者は口を開けば、日本は民主主義国家だ、法治国家だと主張します。しかし、上から降ってきた都市計画の解体は、多くの市民に激痛を与えています。第五章では、そうした市民の声の一部を紹介しています。法治国家ではなく放置国家ではないかといいたくなる地方の現状の一端にもふれています。

　最後の第六章では、土地の所有権に伴う義務はまったく無視して、何を建ててもいいのだといわんばかりのゼネコンやデベロッパーへ鉄槌を加えた二〇〇二年一二月の東京地方裁判所による「国立判決」を手がかりに、市民側が反撃に出る方法を探っています。

　では、あとがきでまたお目にかかりましょう。

目次

写真提供　共同通信社

第一章　林立するオフィス・ビルとマンション

低層地域に高層マンション群

東京圏はいま、空前の高層オフィス・ビルやマンションの建築ラッシュである。日本はバブルとその崩壊による後遺症で一〇年を超す不況に苦しんでいる。ところが建築だけは活況を呈して、バブル時期を上回る規模なのだ。

建築ラッシュの実態を主要舞台である東京を中心にみてみよう(図1-1参照)。筆者たちは、東京・渋谷駅と横浜・桜木町駅を結ぶ東急東横線の沿線に住んでいる。筆者たちの目の前からこの小旅行は始まる。世田谷区と目黒区にまたがる都立大学理工学部跡(図1-1-①)に、東証一部上場の長谷工コーポレーションとデベロッパー八社が、四ヘクタールの敷地に高さ六〇メートル・一九階建てを中心に八棟ものマンションを建てめぐらす計画を進めている。跡地の地下室やコンクリートの土台の解体が二〇〇二年春から猛烈な騒音、振動、ホコリをまきちらしながら始まり、二〇〇四年春の完成という計画である。

隣接する都立駒沢(オリンピック)公園にジョギングにくる欧米人の多くは、「住宅地と公園のど真ん中になぜこんな巨大なマンションがたくさん建つんだ」と口をそろえる。米国の弁護士資格をもつフィル・リーバーマン氏は「こんなことをやるなんて信じがたい。

ぼくに任せれば、長谷工とデベロッパー各社を一〇〇回も倒産させるような莫大な損害賠償と慰謝料をとってやるよ」という。フランス人の女性ジャーナリスト、カトリーヌ・カドリさんは「日本の都市計画は不条理だわ」といぶかる。

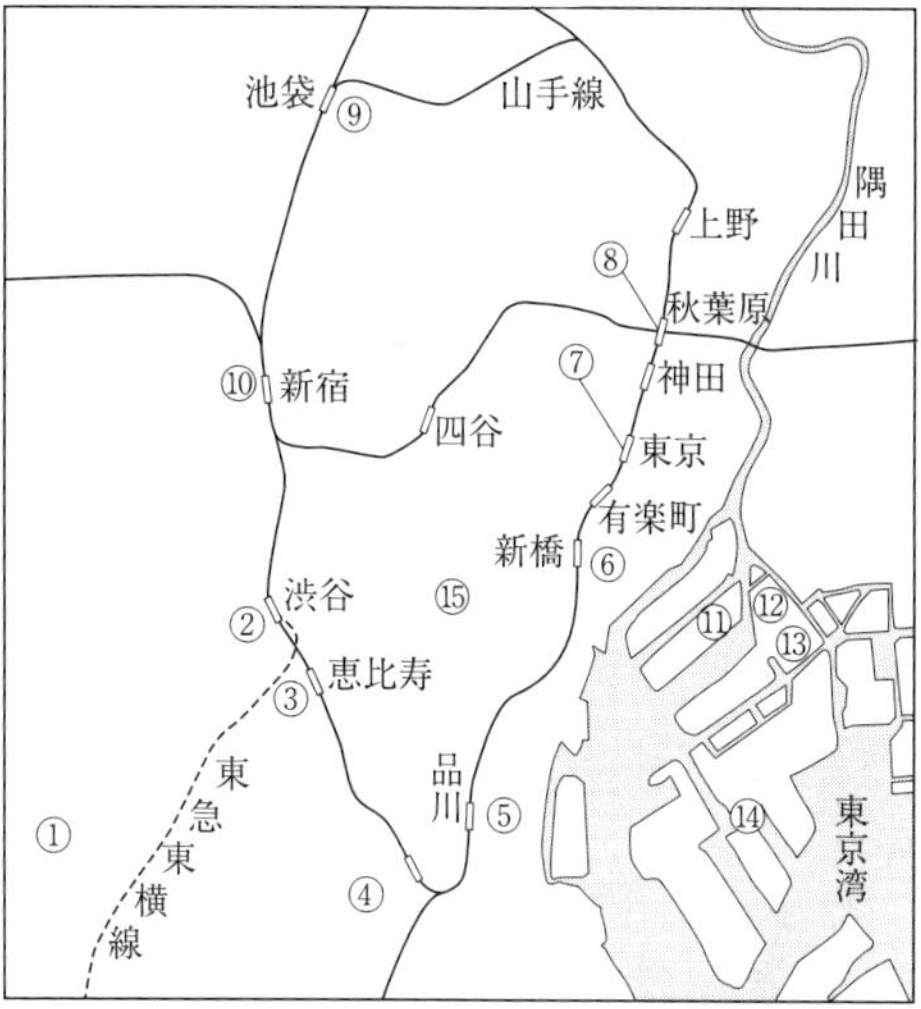

① 都立大理工学部跡地
② 渋谷駅周辺
③ 恵比寿駅周辺
④ 大崎駅周辺
⑤ 品川駅東口
⑥ 汐留シオサイト
⑦ 東京駅・有楽町駅周辺
⑧ 秋葉原・神田周辺
⑨ 池袋駅周辺
⑩ 新宿駅周辺
⑪ 晴海地区
⑫ 豊洲地区
⑬ 東雲地区
⑭ 臨海副都心
⑮ 港区六本木地区

図 1-1　本章に登場する主な再開発地域

東京でも指折りの低層住宅地域に、なぜ城壁のような高層マンション群の建築が進むのか。多くの読者もこれほどの規模でなくても、目の前に、あるいは周辺に高層マンション、時には高層オフィス・ビルが突然建った経験をお持ちだろう。

こうした「不条理」が起きる原因は、第三章で説明する。また都立大学理工学部の跡地問題は第五章で詳しく検討する。この問題は、読者が日常茶飯事のように見聞している都市計画や建築行政の欠陥を浮き彫りにしている。筆者たちはこれを毎日のように観察し、いいたいことがたくさんあるが、ここでは先を急ぎ、東急東横線に乗って渋谷に向かうことにしよう。終点の渋谷駅に近づくと林立するビル群が目にはいってくる。

土台は地下鉄車庫

若者の町といわれる渋谷にこの数年、超高層オフィス・ビルやホテルが続々と建っている（表1-1-②）。地元商店街は、大人の財布を当てにして、「大人も楽しめる町へ」のスローガンを掲げているが、一番手が二〇〇〇年四月にオープンしたツイン・タワーの渋谷マークシティである。

「イースト」は「渋谷エクセルホテル東京」が入っているホテル棟で、高さ九九・六七メートル、地下二階・地上二五階、「ウェスト」はオフィス棟で、高さ九五・五五メートル、地下一

表1-1　渋谷駅付近の新しい建築物(建設中も含む)

建築物の名称	高さ(m)	地上階数	主な用途	特徴
渋谷マークシティ・イースト	99.67	25	ホテル・店舗	鉄道駅などの上空利用
渋谷マークシティ・ウェスト	95.55	23	オフィス・店舗	同上
セルリアンタワー	146	40	ホテル・オフィス	東急本社跡地
渋谷3丁目計画ビル(仮称)	68	14	オフィス・店舗	狭い敷地に高層ビル

階・地上二三階である。両棟の低層部分には五〇を超えるレストランや商店が軒を並べている。

事業主体は特殊法人の帝都高速度交通営団、東京急行電鉄、それに京王電鉄が共同で設立した渋谷マークシティで、営団も含めてデベロッパーとしての鉄道会社の強みが発揮された。

これは営団地下鉄の車両基地、京王電鉄・井の頭線の渋谷駅、それに東急のバス用道路の上に建築されたもので、この数年の間にふえてきた「未・低利用」の土地(民有地・公有地)の上空権を利用した。

この双頭ビルのオープンの一ヶ月前に東京ドーム近くに竣工した「後楽森ビル」も上空権を利用している。森ビルが東京都下水道局のポンプ場の地上権を落札して賃貸契約で借り、その上に建てた一九階建てのオフィス・ビルである。

後にみるように日本最大の再開発が進んでいる東京駅周辺でも上空権のやりとりが盛んだ。「都市再生」のキーワードはいくつもあるが、「未・低利用地と上空権の活用」は間違いなくその中にふくまれる。

渋谷マークシティから徒歩五、六分のところに二〇〇一年五月に開業した「セルリアンタワー」は高さ一四六メートル、地下四階・地上四〇階の超高層ビルで、「セルリアンタワー東急ホテル」のほかに、四階から一六階まではオフィスになっている。

ここは東急電鉄旧本社屋跡地で、「都市再生」のもうひとつのキーワードである「跡地利用」の典型的な例の一つである。電鉄の本社はタワーの周辺に分散しており、ホテルとオフィスのスペースを手品のようにひねり出した形だ。都市計画法と建築基準法で定められている用途地域や容積率だと、これだけの超高層ビルは建たない。第三章でみるが、「総合設計制度」という、私たち市民には無縁の建築基準法のボーナス制度を利用したのだ。

二〇〇三年九月の完成を目指して、二基のオレンジ色の巨大なクレーンが空に伸びて工事が進んでいるビルもある。JR渋谷駅の南に三井不動産と住友生命が二〇〇二年八月から共同で建築している高さ六八メートル、地下一階・地上一四階のオフィス・ビルと地上一階の店舗ビルである。敷地は三七〇〇平方メートル弱で、普通ではとてもこれだけの大きさの建物は建たない。

これも建築基準法の数多くあるボーナス制度のひとつ「一団地認定」を利用したのである。日本の都市計画法や建築基準法は、建築が大規模であればあるほど、ボーナスもとてつもなく大きくなる仕組みになっている。しかも、毎年のようにボーナスは多様化し、巨大化しているのだ。

職・住・遊三拍子の元祖

小泉首相の「都市再生本部」の掲げるスローガンはいろいろあるが、ひとつは「働き、住み、遊ぶ」が接近している都市生活である。その元祖のひとつがJR恵比寿駅(図1-1③)から長さ四〇〇メートルの動く歩道「スカイウォーク」で八分のところにある「恵比寿ガーデンプレイス」である。

現在、職・住・遊を強調して建設されている多数の複合ビルや、一つのビルの中に三拍子をそろえるビルは、発想的にはここの複合ビル群のコピーだ。

サッポロビールの恵比寿ビール工場がここから一九八八年に千葉県船橋市に移転した。その八・三ヘクタールの跡地に総工費二九五〇億円で一九九四年九月に竣工した。

三九階建てのオフィス・ビル「恵比寿ガーデンプレイスタワー」を中心に、ウエスティンホテル東京、三棟の高層の高級マンション、恵比寿三越、サッポロビール本社、東京都写真美術館、ショッピング・ビルなどが建ち並んでいる。

職・住・遊の三拍子そろった現代の先端をいくライフスタイルの複合施設としてもてはやされ、タワーの三八階と三九階にあるレストラン街は女性週刊誌にもよく登場した。

賃貸用のマンションの2LDKで家賃が月額四五万円から五〇万円で、入居時には六ヶ月分の保証金と二ヶ月分の家賃を前納しなければならないという。

低層だったJR恵比寿駅もいつの間にか高層化していて、久しぶりに同駅に降りると驚いてしまう。あの恵比寿駅は一九九七年一〇月から一四階建てのオフィス・ビルに変身していたのである。

実際に、民営化されてからのJR各社は、駅前どころか駅上という地の利を活かしてショッピング・ビルやオフィス・ビルの建設・運営に熱心である。専門の子会社には、新宿駅、横浜駅などで巨大なショッピングセンターを運営しているルミネと、オフィスと店舗の複合ビルを運営する東京圏駅ビル開発がある。恵比寿ビルは後者の運営である。

ビル・ラッシュの東京では、高層ビルの旅は各駅停車になる。つぎの目黒駅でも、この東京圏駅ビル開発が東京急行電鉄と共同で、目黒駅の線路の上に駅と一体化したオフィス・店舗ビルを二〇〇二年四月に開業した。駅舎が地下三階と四階、店舗は地下二階から地上二階、そして三階から一七階までが貸しオフィスという構成だ。

大崎副都心

山手線の旅の先を急ぐために五反田駅は降りないで、つぎの大崎駅に向かおう。なにしろ大崎駅周辺(図1-1-④)は、後にみるように都市再生本部が東京都内で指定した七つの「都市再生緊急整備地域」の一つなのである。

東京に長年住んでいる筆者たちの知人の多くは「なぜ大崎か」と首を傾げた。筆者たちも、ソニー、日本精工、明電舎などに代表される製造企業と下請け会社に取り囲まれた大崎駅周辺が、東京都の副都心の一つであることを失念していた。

大崎駅の東口から連絡橋を行くと、一九八七年にオープンした「大崎ニューシティ」の五棟のビルが林立し、その南東に連絡橋を介して一九九九年に開業した、二棟の高層ビルを中心にした「ゲートシティ大崎」がある。

しかし、「ニューシティ」には「ニューオータニイン東京」があり、二つの開発地域でオフィス・ビルや高級マンション、商店街などが建ち並んでいるが、週末でも人出は意外に少ない。「恵比寿ガーデンプレイス」などと比較するとはるかに華やかさに欠けている。

それなのに同駅西口では、これから大規模な再開発が始まろうとしている。西口地区は二〇〇二年にすでに都市計画決定された中地区一・八ヘクタール、それに南地区一・〇ヘクタール、ソニー地区二・一ヘクタール、明電舎地区三・九ヘクタールの四地区からなる。

都市再開発法による再開発は地権者や借地権者が再開発組合をつくって進めるのが一般的だが、広い土地をもつ地権者や、参加組合員というゼネコンやデベロッパーが主導権をとり、零細な地権者や借地権者の権利を奪うことが多い。

西口地区の先陣を切る形になっている中地区でも権利者八四法人・個人のうち八人が将来の不安などを理由に組合に加入していない。

小泉内閣は都市再開発が新しいアイデアのような雰囲気を振りまいているが、大崎駅周辺の再開発が動き出したのは二〇年も前である。東京都は一九八二年に「東京都長期計画」を策定し、それ以前の新宿、渋谷、池袋の三地域に、上野・浅草、錦糸町・亀戸、大崎の三地域を加えて、六ヶ所を副都心として位置づけた。臨海副都心が加わって七ヶ所になったのは一九八六年策定の第二次東京都長期計画であった。

この決定を受けて西口中地区で、準大手ゼネコンのフジタのダミー会社と破綻した千代田生命が盛んに地上げをやった。バブルの最中である。千代田生命の破綻は、ここの地上げがバブルの崩壊で頓挫したことが引き金のひとつになった。

問題は二つありそうだ。まず第一に、零細な権利者、とくに一部の借地権者の将来への不安は強いのに、それを無視するように品川区というような自治体が音頭をとって再開発計画を進めていいのか。

第二に、現在のビル建設ラッシュのなかで、ここに計画されている高層マンションやオフィス・ビルの採算がとれる保証がない。その責任はだれがとるのか、ということである。実際に、山手線のつぎの品川駅では、大崎西口開発を圧倒する大規模開発が進行中なのだ。

JR品川駅東口で進む再開発

巨大都市の出現

都市再開発というと、知名度と積極的な広報活動で知られる六本木地区や二〇〇二年九月の開業以来全国から訪問者を集めて観光名所になった感のある東京駅前の新丸ビルが、マスコミの話題になる。

しかし、JR品川駅東口（図1-1-⑤）の再開発は知名度としてはもうひとつだが、超高層ビルの密度という点では、全国ブランドになった港区の汐留地区（シオサイト）と双璧をなすといっても過言ではないだろう（表1-2参照）。

品川駅といえば、品川プリンス、新高輪プリンス、パシフィック東京などのホテルがある西口が知られていた。東口は旧国鉄の広大な車両基地や中央卸売市場食肉市場、多くの工場やオフィス・

特徴
億ションが多数
賃貸マンション
施主の大東建託も入居
本社が入居，賃貸床も
本社が入居，賃貸床も
商事本社一部と自工本社が入居
本社が丸の内から引越し

ビル、それに倉庫、住宅などが密集している地域だった。

しかし、ここ数年の激しい変貌ぶりに昔のこの町を知っている人々は文字通り度肝を抜かれるに違いない。

品川駅の東側と西側の往来は駅を大回りしなければならず不便だった。それが東西をつなぐ「レインボー・ロード」という幅二〇メートルの高架式歩行者専用通路が一九九八年一一月に完成した。

駅の港南口の改札から「レインボー・ロード」に出て東に向かい、階段を降りると、右手の目の前に高さ一五〇メートルに迫る七棟の超高層ビルが肩をならべるように密集して林立している。

三菱商事、三菱自動車工業、三菱重工、キヤノン販売、勧業不動産、近鉄不動産、太陽生命保険、大東建託、東京建物、トータルハウジングの一〇社が共同で二〇〇三年五月のオープンを目指して建築を進めてきた「品川グランドコモンズ」である。

そして、その西側に整備中の最大幅四五メートル、長さ四〇〇メートルの歩行者専用スペースを隔てて、一九九八年に完成した「品川インターシティ」という高層のオフィス・ビルやマンションなど

表1-2　品川グランドコモンズの新しい建築物

建築物の名称	高さ(m)	階数	主な用途
品川Ｖタワー	142	43	マンション・店舗
トータルハウジング住宅棟	103.5	31	マンション・店舗
品川イーストワンタワー	148	32	ホテル・オフィス
キヤノン販売品川本社ビル	144	29	オフィス・店舗
太陽生命品川ビル	148	30	オフィス・店舗
三菱商事・三菱自動車工業本社ビル		32	オフィス・店舗
三菱重工ビル		29	オフィス・店舗

五棟が聳えている。

「インターシティ」と「グランドコモンズ」は、旧国鉄の車両基地を買収して、区画整理事業で整備し、都市再開発法による再開発事業として計画されたものだ。

「インターシティ」は興和不動産、住友生命、建設大手の大林組の共同事業で、「グランドコモンズ」やシオサイトの登場までは、日本でも最大級の超高層複合ビルだった。

超高層複合ビル

職・住・遊が一体化した都市の理想の超高層複合ビルとは、どういうものか。シオサイトと理念的に共通している部分も多いので「品川グランドコモンズ」の七棟(うち二棟は低層でつながっている)の超高層ビルをみてみよう。

・品川Ｖタワーは、空からみるとＶの字をしている。三菱商事、トータルハウジング、東京建物、勧業不動産、近鉄不動産の五社の共同開発による大規模分譲マンションで、高さ一四二メートル、地上四三階建てのタワー棟と四階建てのテラス棟からなり、総戸数は六五〇戸である。三億円台もある億ションのかたまりだ。

・トータルハウジングによる賃貸住宅棟は、高さ一〇三・五メートル、地下二階・地上三一階で総戸数は二〇二戸である。

・大東建託の品川イーストワンタワーは、高さ一四八メートル、地下三階・地上三二階で、二五階から三二階はホテル用スペース、二四階から四階まではオフィス床で同社の本社がはいるほか一部は賃貸オフィスに、残りのスペースは店舗などになる。

・キヤノン販売品川本社ビルは高さ一四四メートル、地下四階・地上二九階のオフィス・ビルである。

・太陽生命品川ビルは、高さ一四八メートル、地下三階・地上三〇階で、太陽生命の本社機能が移転し、残りは賃貸オフィスになる。

・三菱自動車・三菱商事ビルは低層階でつながったツイン・タワーで、地下三階である。地上三二階建ての品川三菱ビルには三菱商事の本社機能の一部と三菱自動車工業の本社が、地上二九階建ての三菱重工ビルには同社の本社が移転する。

東京都も小泉内閣の都市再生本部も、都心部の「活性化」を強調しているが、大手企業も賃料の高い都心部から脱出し、外延部に自社ビルを建てて移動する動きが目立ち始めている。こうした傾向は不況が長期化し企業の経費削減が至上命令になったこの数年で拍車がかかっている。

三菱重工の前身である三菱造船は一九一七年に、三菱グループの発祥の地である丸の内の賃貸ビルに本社を構えた。それから八六年たって品川グランドコモンズの自社ビルに引っ越す。同ビルがインターネット時代の仕様になっているからというばかりではない。都心の高い賃料を払い続けるより、自社ビルへの投資を八年で回収できるほうがメリットが大きいという。

また、都市再生のスローガンのひとつである職・住・遊も、ここで見る限りほとんど絵空事である。いくら大手企業といっても多くのサラリーマンやサラリーウーマンにとって、億ションに手は届かないし、手取りの月給が右から左に消えるような賃貸マンションも絵に描いたモチである。

汐留シオサイト

つぎの地域は、筆者たちが編著者をつとめた岩波新書『公共事業は止まるか』でも取り上げているので短い訪問にしよう。JR新橋駅から歩くと一〇分かかっていた旧国鉄の汐留貨物駅跡地(図1-1-⑥)には、都営地下鉄大江戸線と新交通ゆりかもめの「汐留駅」が二〇〇二年一一月に開業した。

汐留跡地の面積は三〇・七ヘクタール。品川東口の「インターシティ」と「グランドコモンズ」の合計八・八ヘクタールや、森ビル主導の六本木六丁目再開発の一一ヘクタールに比べても群を抜いた規模である。

跡地は五区、一一街区に区画整理され、一九九五年の事業計画の決定を受けて、建設が順次始まり、全体が完成する二〇〇七年には就業人口六万一〇〇〇人、居住人口が六〇〇〇人の超高層都市が誕生する(表1-3参照)。

民間の投資は建設費だけで四〇〇〇億円以上にのぼる。これだけでも一大事業であることがわかるが、これ以外にも東京都がここに道路など都市基盤を整備する区画整理事業のために一四六三億円の税金を使っていることはあまり知られていない。

特徴
本社機能を集約
1000 戸の分譲住宅
60 の店舗が展開
大規模ショールーム
同テレビの機能を集約
資生堂，三菱地所系ホテル入居
店舗も入る複合ビル
店舗もにぎやか
博物館，相撲場・剣道場も
共同通信の新本社
多目的ホールも併設
日本一の超高層住宅

先陣を切って二〇〇二年一二月にオープンしたのが、広告業界最大手の電通本社ビルである。高さ二一〇メートル、地下五階・地上四八階の建物で、「都心回帰」「職・住・遊接近」などを旗印にビル内に設けられた同社の商業・文化施設「カレッタ汐留」は、初日に五万五〇〇〇人の客を集めた。

表1-3　汐留シオサイトの主な建築物(2003年にも続々完成の予定)

建築物の名称	高さ(m)	階数	主な用途
電通本社ビル	210	48	オフィス・店舗
東京ツインパークス	165	47	マンション・店舗
汐留シティセンター	215	43	オフィス・店舗
松下電工東京本社ビル	120	24	オフィス・店舗
日本テレビタワー	193	32	放送施設・オフィス
汐留タワー	172	38	ホテル・オフィス
汐留・浜離宮サイドプロジェクト	174	37	ホテル・オフィス
汐留住友ビル(仮称)	128	25	ホテル・オフィス
日本通運本社ビル	136	28	オフィス・店舗
汐留メディアタワー	173	34	メディア・ホテル
トッパン・フォームズ本社ビル	99	19	オフィス・文化施設
都市基盤整備公団住宅棟	190	56	賃貸住宅

「カレッタ汐留」は四六・四七階の「スカイレストラン」、渓谷を模したというキャニオンテラス、それに地下モールで構成されており、レストランを中心に五八の店舗が入っている。また劇団四季の常設劇場「電通四季劇場「海」」や広告資料館も併設されている。

同時期に完成したのが、表1-3にみる「東京ツインパークス」という超高層マンションである。高さ一六五メートル、地下二階・地上四七階の二棟からなり、分譲住宅一〇〇〇戸である。事業者は大手不動産が総出の感がある。三菱地所、三井不動産、住友不動産、東京建物、オリックス、住友商事、三井物産、それに平和不動産と並んでいる。

価格は2LDKでみると、ウォークインクローゼット付き(九一・一六平方メートル)で一億九二〇〇万円から、パーティールーム、書斎、ウォークインクローゼット付き(二四八・二九平方メートル)で二億二三三〇万円までである。

三井不動産主導の汐留シティセンターも二〇〇三年一月末に竣工した。高さ二一五・七五メートル、地下四階・地上四三階で、地上四階から四三階までがオフィス床、残りの商業ゾーンには六〇のレストランなどの店舗が入り四月一〇日に開業する予定だ。

シオサイトが突きつけるもの

松下電工が二〇〇三年二月に「松下電工東京本社ビル」の竣工式を行なうなど、汐留シオサイトも形を整え始めている。完成、工事中のビルはほとんど垂直で圧迫感がある。

品川駅東口開発では、容積率の大幅な緩和で壁のように林立する超高層ビル群がほかのビルからの東京湾への眺望を妨げていることが、建築家や都市計画家の一部で話題にされた。シオサイトでも容積率の大幅な緩和が高密度の超高層ビルを可能にしている。

本書の底流には、前著『都市計画 利権の構図を超えて』でも同じだったが、都市法の規制緩和、とくに絶えざる容積率の緩和は日本の悪弊であり不条理であるという考え方が流れている。

容積率とは、建築基準法の定義にしたがえば、「建築物の延べ面積の敷地面積に対する割合」である。日常語に直せば、建築物のボリュームを決めるものだ、といってもいい。

規制緩和とは端的にいえば、この容積率をあげていくということである。二〇〇%の容積率を四〇〇%、六〇〇%、八〇〇%というようにあげていけば、土地所有者にしてみれば、同じ面積の土地を二つ、三つというように、手にすることと同じである。まさに濡れ手で粟なのである。

容積率の問題は第三章であらためて検証するが、これと関連して、シオサイトに立ってすぐ思い出すことがある。

このシオサイトも品川駅東口の再開発も旧国鉄の所有地だという事実だ。

中曽根康弘内閣による「行政改革」の掛け声のもと旧国鉄が一九八七年に解体・民営化された際、全国にある旧国鉄所有地のうち二六〇〇ヘクタールの売却が計画された。

当時、国土審議会会長だった安藤太郎住友不動産会長は、読売新聞とのインタビュー(一九八六年五月八日付け)で、都心でのビル供給を推進する必要があると強調し、「例えば、丸の内周辺について、国鉄本社や中央郵便局を含めた形で東京駅周辺地区を再開発すれば、霞ヶ関ビルにして一二棟分の供給が可能である。また、汐留貨物駅跡地を再開発し、容積率を二倍まで認めれば、同じく一〇棟以上の供給ができる」とあけすけに業界の願望を語っていた。

しかし、当時はバブル期で、東京の一等地である広大な旧国鉄用地の売却は地価高騰の火に油を注ぐようなものだとして、棚上げになった。

理論矛盾の土地政策

当時は、安藤氏がいっていたように、地価が高騰しているのは、土地の供給が少ないからで、旧国鉄用地などをふくめ公有地も放出し、容積率をあげれば供給が増えて土地が安くなるという議論が財界ばかりでなくマスコミや学者の間で横行していた。中曽根内閣の都市政策「アーバン・ルネッサンス」はその政治的表現であった。

しかし、橋本龍太郎内閣で、このような「土地の理論」は再び一八〇度転換した。橋本政権は一九九七年二月一〇日の閣議で「新総合土地政策推進要綱」を決定し、土地政策の重点をバブル時代から続いていた地価抑制策から「土地の有効利用」に転換したのである。小泉内閣の都市再生本部はその流れの上にある。

橋本政権の具体的な政策の中身は、旧国鉄用地の再開発などの「優良事業」の容積率を割増しするなど、低・未利用地を有効活用するほか、密集地の再整備の促進や、定期借地権制度の普及などだった。

バブル時代は地価が高騰しているから公有地を放出し容積率を上げろの大合唱だったが、こんどは地価がバブル崩壊以後は急落しているから公有地を放出し容積率をあげろということになったのである。ここに「土地の理論」のいいかげんさが端的に証明されている。

そのころ売却された旧国鉄用地には、汐留、品川グランドコモンズなどその後の大規模再開

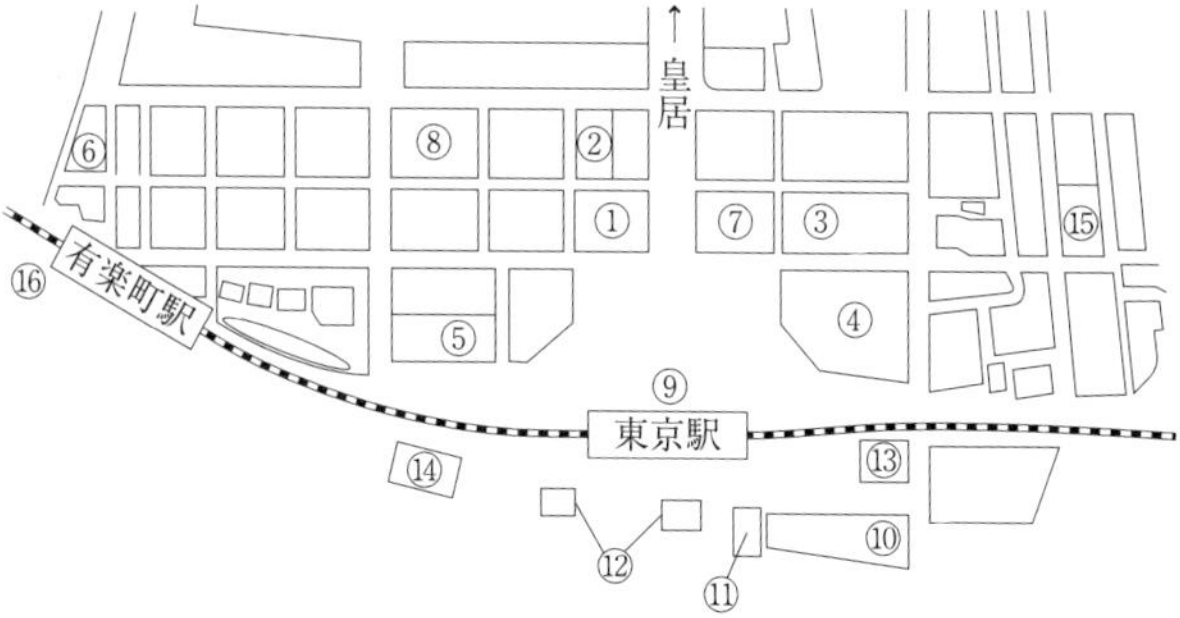

①新丸ビル
②三菱商事丸の内ビル再開発事業
③永楽ビル・日本工業倶楽部会館の一体再開発事業
④丸の内１丁目一街区再開発計画
⑤東京ビルヂング再開発事業
⑥日比谷パークビルヂング再開発事業
⑦新丸の内ビル再開発計画
⑧明治生命再開発事業
⑨東京駅舎修復計画
⑩丸の内１丁目八重洲プロジェクト
⑪国際観光会館再開発計画
⑫JR東日本超高層ツインタワー計画
⑬JR東海東京事務所ビル
⑭パシフィック・センチュリー・プレイス
⑮東京サンケイビル
⑯有楽町駅前再開発

図 1-2　東京駅周辺の主要な再開発事業(完成，工事中，計画中を含む)

発の敷地になったものが顔をそろえている。そのほかには、旧国鉄本社、東京駅八重洲口、錦糸町駅南口、横浜のみなとみらい21の用地の一部などがある。

旧国鉄の解体・民営化の狙いのひとつがその膨大な用地の大企業への放出であった。そこからは、この国の歴代政府の土地政策、都市政策が実に無原則、無責任だということ、そして大企業のあくなき土地による利益追求のすさまじさを実感できるであろう。

東京駅周辺の再開発

小泉内閣の都市再生本部が二〇〇

二年七月二日に第一次の「都市再生緊急整備地域」を指定した際、最重点地域は明らかに「東京駅・有楽町駅周辺地域」であり、とりわけその中心である「大手町・丸の内・有楽町」地区だった(図1-2参照)。

確かに東京駅(図1-1-⑦)を核にしたこの地域は、日本の大手企業の本社が建ち並ぶビジネス・センターであり、日本の顔だろう。ここも汐留シオサイトや品川駅東口再開発のような、集中的なオフィス・ビルやマンションの建設・竣工ラッシュこそないが、規模でも、歴史的にも両地域をはるかにしのぐ大きな変身を始めている。

キーワードは、汐留や品川東口と同様に、複合都市である。象徴的なのが二〇〇二年九月にオープンした新丸ビルだ。ビジネスに機能が特化していた旧丸ビルに比べるとよくわかる。地下四階・地上三七階の新丸ビルでは、地下一階から地上六階および三五・三六階はショッピング街とレストラン街が占めている。

「丸の内の大家さん」といわれる三菱地所は、丸の内地区で積極的に再開発事業を進めている。昨年にオープンした第一弾の新丸ビルに遅れて一体で開発されるのは、第二弾の三菱商事丸の内新本社だ。二〇〇二年に着工しており、二〇〇七年に竣工する計画である。

第三弾は、二〇〇三年三月の竣工を目指して工事中である。三菱地所が所有する「永楽ビルヂング」と日本工業倶楽部が所有する「日本工業倶楽部会館」の共同開発計画だ。かつて丸の内の美のシンボルであった登録文化財の会館の南側を保存・再現し、高さ一四八メートル、地下四階・地上三〇階のオフィス・ビルができる。

第四弾として東京駅丸の内北口で二〇〇五年の竣工を目指して工事が進んでいるのが、この地域で最大規模の「丸の内一丁目一街区開発計画」だ。三菱地所、丸の内ホテル、日本生命、中央不動産、交通公社不動産および朝日生命の六社が、丸の内一丁目の旧国鉄本社跡地と交通公社ビル、丸の内ホテル、東京中央ビルおよび丸の内センタービルが集まる街区を一体で再開発するものだ。

比較的新しい丸の内センタービルはそのままとして、他の建築物は解体したあとにオフィス・ビル三棟とホテル・店舗ビルの合計四棟が二〇〇五年に完成する。オフィス・ビル三棟の高さはそれぞれ一六〇メートル、一五〇メートル、一二〇メートルでホテル・店舗ビルでも九二メートルの高さがある。

詳しくは第三章でみるが、建築基準法による容積率の割増制度である「総合設計制度」と「連担建築物設計制度」を利用しているので、超高層で高ボリュームの建築物群が丸の内の北口に聳え立つことになる。

容積率の魔術

三菱地所は丸の内再開発の第五弾として東京駅丸の内南口にある「東京ビルヂング」を二〇〇三年夏から解体工事を始め、二〇〇六年に新しい店舗付きのオフィス・ビルを完成させる計画だ。新ビルは高さ一六四メートル、地下四階・地上三三階で、延べ床面積は約一五万平方メートルだ。地下二階・地上一〇階の旧ビルの延べ床面積の約六万八二〇〇平方メートルの約二・二倍になる。この手品の種明かしは第三章にゆずろう。

第六弾は有楽町にある地下四階・地上九階建ての「日比谷パークビルヂング」を二〇〇三年中に解体し、二〇〇六年に超高層の高級ホテルとして竣工させる計画だ。

そして第七弾は、丸の内一丁目にある「新丸の内ビル」の建て替えだ。東京駅から皇居に向かう行幸通りを挟んで新丸ビルと並ぶ同ビルの解体は二〇〇四年に始まり、二〇〇七年に竣工の計画である。

このほか同じ丸の内地区で、明治生命が二〇〇四年八月の竣工を目指して再開発事業を展開している。同社の本社ビル「明治生命館」は一九三四年に竣工したネオ・ルネッサンス様式の建築物で、一九九七年には昭和時代のビルとしては最初の国の重要文化財に指定されている。

再開発事業は、この「明治生命館」を全面的に保存し、隣接地にある別棟を解体した跡地に高さ一三五メートル、地下四階・地上三〇階の超高層ビルを建設中だ。明治生命は、「明治生命館」をそのまま本社ビルとして使い、新ビルの一部に本社機能を一部移すが、大半のスペースを賃貸に回し、収入増につなげる考えだ。

のっぽビルが建つ八重洲口

東京駅八重洲口北側の旧国鉄関連施設跡地の再開発は二〇〇一年に着工し、二〇〇三年九月に竣工する予定で進んでいる。森トラストが開発主体で「丸の内一丁目八重洲プロジェクト」と呼ばれ、この第一期計画が完成すると地下三階・地上一九階のオフィス・ビルが誕生する。

八重洲口でさらに大きな話題を呼んでいるのは、ＪＲ東日本が主体となって、大丸百貨店が入っている八重洲中央口の鉄道会館を解体し、その跡地の南北両側に高さ二〇〇メートルのツインタワー・ビルを建てる計画だ。

北側ビルの高層部はオフィス床、低層部には大丸百貨店が入居し、大手ゼネコン鹿島との共同事業になる南側のビルは賃貸のオフィスと「八重洲ブックセンター」の入居が予定されている。

一方、三井不動産と国際観光会館の両者は、東京駅の八重洲北口にある国際観光会館ビルを解体して再開発する計画を進めている。この共同事業は複雑で、三井不動産が港区芝三丁目に建設中のビルと敷地の一部を国際観光会館に、また国際観光会館が八重洲のビルの敷地(借地権）の一部を三井不動産にそれぞれ二〇六億円の同額で売却し、両方の事業を共同で進めるというものだ。

国際観光会館は八重洲のビルで行なっているホテル事業を三井不動産の芝三丁目のビルで継続する。八重洲のビルは解体された後、跡地に超高層のオフィス・商業の複合ビルを建設する。

なお同じ八重洲北口には、高さ六〇メートル、地下一階、地上一四階のＪＲ東海の東京事務所ビルが二〇〇三年三月に完成している。ここは旧東海道山陽新幹線指令室の跡地で、新ビルの低層部分は新幹線ホームにつながる東京駅日本橋口コンコースが新設され、三―七階はＪＲ東海の事務所、八階から一四階は賃貸のオフィスである。

八重洲南口の旧国労会館跡地に二〇〇一年一一月に竣工した高さ一四五メートル、地上三一階建ての全面ガラス張りのパシフィック・センチュリー・プレイスは、香港のパシフィック・センチュリー・グループが主体に建設したオフィス・ビルである。東京では地上から最上階までガラス張りの建築物はまだめずらしい。

この大手町・丸の内・有楽町地区では、大手町でも東京サンケイビルの再開発が終わっている。今後は国有地の売却をテコに大掛かりな再開発事業が浮上しているが、それは第二章でふれる。

有楽町では、ＪＲ有楽町駅東側の有楽町マリオンと東京交通会館の間の再開発で建つ、二棟のオフィス・商業ビルが注目されている。

ビルの一つは地下四階・地上二〇階で、二〇〇七年に竣工すると一階から八階までは若者向けの丸井がキーテナントとして入居することになっている。大人の町といわれる銀座地区に若者たちが流れ込んでくる可能性もある。

もうひとつのビルは地下二階・地上一〇階の小ぶりの建物で、オフィスと店舗が入る予定だ。

都庁周辺で続く再開発

このまま山手線を時計の針と逆回りに行こう。秋葉原・神田地区(図1-1-⑧)にもいくつかの高層ビルが完成したり、計画あるいは建設中だ。ここは東京都が払い下げた都有地や本の町神保町に出現した超高層ビルなどが問題になっている。

副都心のひとつ池袋(図1-1-⑨)では少なくても四ヶ所の市街地再開発が浮上しているが、オフィス床主体の超高層ビルをマンション主体に設計変更したケースもある。他地域での事務床の急増に影響を受けたためだ。

新宿副都心(図1-1-⑩)では、JR新宿駅南口の大規模な再開発は一段落したが、都庁周辺で再開発が続いている。二〇〇二年一一月には営団地下鉄丸ノ内線の西新宿駅の南側に「西新宿六丁目地区再開発」が完了している。全部で五棟あり、なかでも目立つのは地下二階・地上三八階のオフィス・ビル「住友不動産新宿オークタワー」と、日本土地建物が所有する地下二階・地上二三階の「日土地西新宿ビル」である。

近くには東京都施工の再開発事業「北新宿市街地再開発」が、二〇〇五年度中の完成を目指して進行中だ。四街区に分かれた四・七ヘクタールの土地に合計一〇棟のオフィス・商業ビルや住宅棟の建設が同時に進行している。

このほかにも、近辺には四ヶ所で大型再開発が進行中だ。対象面積が八・五ヘクタールにのぼる「西新宿三丁目西地区再開発」では、複数の超高層オフィス・ビルやマンションの計画が二〇一〇年の完成を目指して計画づくりが進んでいる。オフィス床の合計面積だけでも東京都庁の第一庁舎と第二庁舎の合計に匹敵するという。

ちなみに、こうしたビル群の徒歩範囲にある営団地下鉄丸ノ内線「西新宿駅」は比較的新しく一九九六年のオープンである。また、営団地下鉄有楽町線の池袋から新宿を経て渋谷にいたる営団地下鉄13号線は二〇〇七年度の開通を目指して工事中である。

以前は民間鉄道会社が自ら鉄道を敷き、沿線で住宅建設など開発事業をやっていた。しかし、今日では、特殊法人、自治体や第三セクターなど公的機関が地下鉄、モノレール、鉄道を建設し、開発業者がただ乗りして、膨大な儲けをもくろむ開発が続発している。

たとえば、一・四兆円もの巨費をかけた都営地下鉄大江戸線は、東京の未・低再開発地域を通っているので、開発業者にとっては「夢の地下鉄」とささやかれたいた。

これまであまり議論されてこなかったが、公的な資金でできた交通機関や道路を利用した開発事業はこうした社会的費用を分担すべきだという主張があってもいいだろう。

山手線を大急ぎで回ってきたが、超高層オフィス・ビルやマンションの建築ラッシュの一端がおわかりいただけただろう。

晴海そして豊洲

これだけでもビルの過剰建設が進行中で、ビルの空室率が上昇を続けて危険水域にいたる「二〇〇三年問題」を実感できる。しかし、まだ早い。未・低利用地がいっぱいある東京湾沿い埋立地の大規模な再開発もある。

例えば、二〇〇一年四月に誕生した晴海地区(図1-1-⑪)の「トリトンスクエア」である。旧晴海団地を解体したり、中央区のグランドやその他の民・公有地を取り込んだ八・五ヘクタールの敷地に超高層オフィス・ビル四棟、賃貸マンション・ビルが七棟、分譲マンション・ビルが二棟、そして五八のレストランやショッピング店がならぶ低層の商業施設からできている。

ここも大江戸線の勝どき駅が二〇〇〇年末に開業しておおいに有利になった再開発地である。勝どき駅から運河にかかる長さ九四メートルの動く橋「トリトンブリッジ」を渡って四分でトリトンスクエアに到着すると、目の前には高さ一九五メートル、一七五メートル、一五五メートルの超高層オフィス・ビルのトリプルタワーが聳え立ち、めまいがする気分に襲われる。就業人口二万人、居住人口五〇〇〇人といわれる「働く、ふれあう、暮らす」をスローガンにした人工都市は、将来的には就業人口三万九〇〇〇人、居住人口はじつに三万一〇〇〇人になるという。

トリトンスクエアの晴海通りを挟んだ斜め向かいには、一二・二ヘクタールの「晴海四丁目地区市街地再開発」が都市基盤整備公団の手で二〇〇三年中にも建設が始まる予定だ。民間企業所有のビル、公団住宅、都有地などの敷地をまとめたもので、オフィス・ビル、ホテル・商業ビル、マンション棟など多くのビルが林立することになる。

近辺には規模は二ヘクタール以下だが二ヶ所の再開発が予定されている。

晴海地区を追いかけるのが、造船など大手メーカーの拠点で空洞化が進む豊洲(図1-1-⑫)である。将来は、次世代の産業・研究施設もつくりながら、超高層のオフィス・ビルやマンションが二〇棟近く建ち並ぶニュータウンが出現するという。最終的な就業人口を三万三〇〇〇人、居住人口は二万二〇〇〇人を想定している。

そして、豊洲に隣接する東雲地区(図1-1-⑬)には、住戸だけで六〇〇〇戸にのぼる複合ビル群と二棟で一一四九戸ある分譲マンション計画が進行中なのだ。

こうみてくると、この先の臨海副都心（図1－1－⑭）の影はますます薄くなってくる。「商業ビルの二〇〇三年問題もかなり深刻ですが、マンションの二〇〇一年問題も相当深刻ですよ。二〇〇一年を境に供給が需要を上回るようになったのに、まだどんどんつくっている」。二〇〇三年一月中旬に話を聞いたシンクタンクの主任研究員の言葉は奇異に聞こえた。

しかし、山手線沿線の再開発でも意外に多くあったマンションは、臨海部ではオフィス・ビルを圧倒していた。マンションの需要は二〇〇一年ごろにはピークをすぎたのにまだ大量につくり続けているという説明は納得できる思いがする。優良な物件は宣伝効果を狙ってか即日完売と囃されるが、少しでも交通が不便なところや、遠隔地では売れ行きが落ち、値引き競争も始まっているという。

四〇階の上棟式

二〇〇二年四月八日の月曜に、森ビルが仕切った複合都市開発「六本木ヒルズ」のシンボルとなる「六本木ヒルズ森タワー」の四〇階で、前日行なわれた同タワーと住宅四棟の上棟式の記念パーティーが行なわれた。

パーティーには小泉純一郎首相、竹中平蔵経済担当相、平沼赳夫経済産業相、石原伸晃行政改革担当相など閣僚、森喜朗前首相、綿貫民輔衆議院議長、佐藤静雄国土交通副大臣（前自民党

建設部会長代理）、中川秀直前ＩＴ担当相（肩書きはいずれも当時）らの来賓が顔をそろえた。工事中のビルでしかも一民間企業が音頭をとった再開発に、首相が出席すること自体が異例だった。森稔・森ビル社長の影響力の大きさを見せつけた一幕だった。

都市再生本部長でもある小泉首相はこう挨拶した。

「区域面積一一ヘクタール、地権者ら約四〇〇名、総事業費二六〇〇億円という日本最大規模の事業を民間の力で成し得たことに感心している。民間企業の創意・工夫をいかに発揮させるかが構造改革、経済再生のカギを握っている。六本木ヒルズが都市再生の先駆けになり、規範になるように祈念している」

六本木地区（図1-1-⑮）から始めて各地で大規模開発を手掛ける森社長は、サントリーホールで有名な赤坂アークヒルズの二倍におよぶここの開発で、職・住・遊・文化・ショッピング・娯楽など都市生活のすべてを一ヶ所に融合させた「文化都心」をつくるとしてきた。

筆者たちが編著者をつとめた前著『公共事業は止まるか』でも紹介したが、二〇〇〇年四月に着工した六本木ヒルズは地下道で営団地下鉄六本木駅につながり、パーティーが行なわれた高さ二三八メートル、地下六階・地上五四階のタワーが中心になる。タワーの上層部にニューヨーク近代美術館と提携した「森美術館」が入る。

このほかにテレビ朝日放送センター、シネマコンプレックス、ホテル「グランドハイアット東京」、冒頭に触れた総戸数七九三の高級マンション四棟、それに寺院などもある。同じ森ビルの愛宕グリーンヒルズも寺院を抱えているが、これは寺院の上空権を自社ビルに移すことができる計算も働いている。六本木ヒルズの就業人口は一万六〇〇〇人、居住者二〇〇〇人になる。

ここでは各建物の低層部とストリートに面した部分は商業施設になり、二〇〇ほどの店舗が入ることになっている。全体のオープニングは二〇〇三年五月の予定だ。

六本木界隈にはこのほか、アークヒルズに近い営団地下鉄南北線六本木一丁目駅に直結する「泉ガーデン」が二〇〇二年末にオープンした。これは住友不動産などによる超高層の事務所棟とマンション、それに美術館などの複合再開発だ。

同駅の至近距離に三井不動産と日本サムスンが地下一階・地上二七階の超高層複合オフィス・ビルを建設中で二〇〇三年九月に竣工予定である。

そして、地下鉄六本木駅を挟んで六本木ヒルズの斜め向かいに六本木ヒルズに迫る規模の再開発事業が控えている。二〇〇一年九月に三井不動産、安田生命保険、富国生命保険、大同生命保険、積水ハウス、全国共済農業共同組合連合会が共同で一八〇〇億円を投じて落札した「防衛庁庁舎跡地」の七・八四ヘクタールにおよぶ大規模再開発だ。

高さ二六〇メートル、六〇階の超高層オフィス・ホテル棟、合計住戸数が八〇〇戸程度の複数の住居・商業棟などが素案として計画されており、二〇〇三年度中の着工、二〇〇七年度の完成を目指している。

六本木地区が「もう一つの都心」として名乗りを上げた形だ。

名古屋と大阪

都市再生本部は後になって地方も見捨てていないことを示すため、取ってつけたように「稚内から石垣まで」というスローガンを掲げるが、その重点は明らかに大都市圏、とくに東京、名古屋、大阪だろう。

そこで急ぎ足で東京以外の二つの都市をめぐってみると、いずれもつかれたように開発ブームの最中だった。

名古屋ではJR東海が「駅が都市になる」をキャッチ・フレーズに、駅前に高さ二四五メートルのツイン・ビル「JRセントラルタワーズ」を二〇〇〇年にオープンしている。タワーの一方はオフィス棟、他方は「名古屋マリオットアソシアホテル」が入り、基底部の地下二階から地上一一階までは「JR名古屋高島屋」やレストランなどの店舗が入っている複合ビルである。

ところが、このツイン・タワーから駅前広場を隔てて建っていた豊田ビルと毎日ビルは、二

○○三年春に解体されて跡形もなくなった。跡地では二○○七年の竣工を目指して東和不動産と毎日新聞が、高さ二四○メートルの超高層事務棟と高さ五○メートルの商業施設を組み合わせた複合施設の建設準備を始めている。

さらに名古屋駅の北四○○メートルの角地で変電所の移設工事が進行中だ。この周辺の「西区牛島地区再開発」では地権者の中部電力、トヨタ自動車、名古屋鉄道、住友生命、大成建設などが二○○四年から高さ一八○メートル、地下三階、地上四○階のオフィス・ビルを中心とした再開発を行ない、二○○七年に完成させるという。

名古屋ではこれら二つの再開発が完成して空室率の上昇が予想される「二○○七年問題」だが、トヨタが事務部門を集約すれば空き室問題は起きないという不動産業者の声を聞いた。はたしてそうか。豊田毎日ビルの商業棟がオープンすれば、名古屋の繁華街「さかえ」と客の奪い合いが起きないのか。名古屋は不透明な未来に向き合っている。

大阪もバブル崩壊と地盤沈下のダブル・パンチから抜け出そうとしていた。

大阪駅周辺の「キタ」では、関西財界の宿題だった梅田貨物駅用地の二四ヘクタールの再開発問題が動き出す気配である。再開発の国際コンセプト・コンペには、締め切りの二○○三年一月末までに海外五二ヶ国の三六三件を含め九六六件の応募があった。同年夏までには全体構想を策定する予定だという。しかし、どうやって切り売りを防ぐか、難しい問題が立ちはだかっている。

JR大阪駅前の超一等地で一九九二年に建設が始まりながらバブルの崩壊で中断していた超高層業務ビルのダイアモンドタワー(仮称)が、二〇〇〇年末に工事を再開し、二〇〇三年三月には完成する。

「ミナミ」では南海ホークスの本拠地だった大阪球場の跡地三・八ヘクタールに再開発事業の「未来都市なにわ新都」を建設する工事が一九九九年末に始まった。第一期の商業施設などが二〇〇三年中にオープンし、第三期の終わる二〇〇八年までには地下四階・地上三一階のオフィス・ビルなど複合ビルが完成する。

また心斎橋の「そごう百貨店大阪店」も建て替え計画が具体化しようとしている。しかし、日本建築学会は一九三七年に竣工した同店の保存活用を訴えており、都市再生の難しさが浮き彫りになっている。

さらに、大阪のシンボル・ストリートである御堂筋では沿道約二キロにわたって企業のリストラなどで空洞化が目立っている。梅田貨物駅の跡地の再開発に関西の資金とエネルギーを注ぐのか、それとも一部のビルを住居用に転用するなどして御堂筋を生き生きとした街にするのか。大阪再生への手探りが続きそうだ。

小泉内閣は、こうしていずこも都市再開発の最中なのに、都市再生本部を設け、都市再生を政権の主要課題に掲げたのである。

欧米と日本の大きな違い

大都市の高層オフィス・ビルやマンションを見て回ると、欧米の都市との相違に愕然とする。日本では都市のいたるところで高層ビルが建っている。欧米では首都だけでなく主要な都市でも、そうした建築物は一定の場所にまとめて建てられている。

欧米の都市ではビジネス・センターを一歩出れば、都心でも四階か五階のアパートメント・ハウスが並んでいる。ビジネス・センターを離れれば戸建て住宅が広がり、日本のように住宅地のど真ん中に高層・大規模マンションが建てられていることはない。

ニューヨークのマンハッタンですらオフィス・ビルと住居地域は画然として区分けされており、イースト・リバーを渡れば戸建て住宅や低層アパートが見渡す限り並んでいる。

とくに欧州では公営住宅も四階かせいぜい五階にとどめている国や自治体が圧倒的に多い。理由はいくつもある。高層住宅は人々を地面から引き離し、高齢者や子どもたちは引きこもり、孤立しがちだ。とくに子どもたちは、親離れが遅れ、したがって自立が遅れがちで体質とか性格にまで影響することが観察された。また、妊婦も外出がおっくうになり、異常分娩も増える傾向もあった。

こうした研究は、近年では日本でも東京大学や東海大学の手で行なわれ、同様な観察が報告されている。しかもこれは住居に限らない。超高層オフィスで働くビジネスマンの間で自律神経失調症などの影響が観察されている。

第六章で詳しく説明するが、こうした観察を背景に自らの広範な見聞から、米国の建築家・都市思想家、クリストファー・アレグザンダーはその著『パタン・ランゲージ』(鹿島出版会、一九八四年)で、建築物を四階までに制限することを提唱した。これはとくに住宅についてだが、オフィスや仕事場にも適用される。

だれが町の姿を決めるのか

ではなぜ欧米諸国と違って、日本では駅前や繁華街に限らず市街地ならどこでもほとんど無差別に高層ビルが建つのだろうか。それは町の姿を「だれが決めるか」ということと関係している。

歴史的な背景がある。歴史の古い欧州でも日本でも、封建時代は王族、領主、大名などが大半の土地を独占していた。近代の始まりとともに土地の所有権は個人あるいは法人に移った。言葉を替えれば、近代は土地所有権の自由、すなわち利用の自由、収益の自由、そして処分の自由が認められた。このうち利用の自由は、建築の自由と呼ばれる。

ところが都市の発達とともに、建築の自由は、住宅地の中に工場を許し、その廃液、排煙が住環境を汚染し、疫病が流行する原因になった。そこで衛生、医療の観点から住宅地と工場を分離する、これが「都市計画」の始まりである。その後さらに自動車交通の発達や人口の集中が、都市に混雑と混乱をもたらした。

こうして欧州では、建築の自由は終焉を迎え、「計画なければ開発なし」の原則が確立したのである。土地所有権はかつてのように封建的な土地所有を倒すための絶対的で自由な土地所有権から、都市問題を解決するための義務を伴う所有権に変更された。

さらにこれはもっとつきつめられて、所有権があってそれを制約する、というものではなく、そもそもは自由などなく、計画があってその枠内で自由が認められるというように逆転したのである。

こうして都市計画の世界にも変革が生まれる。それは住居と工場の分離という素朴なものから、どういう町をだれがつくるかというように進歩した。こうなると進展は早い。分離は国でもできるが、どういう町がよいかはそこに住む市民しか決められない。

欧州では、どういう市町村に暮らしたいか、市民一人ひとりが意思表示を行ないマスタープランをつくるようになった。それを議会で議決して、法的に効力をもつものとなった。つまり市民が自分たちの町を決めることができるのであり、それが土地所有権の内容となるのである。

市民は、一人の、あるいは一握りの事業者が利益をあげるために、人々の生活や景観、地域のあり方にまで決定的な打撃を与える高層建築物をマスタープランに書き込まない。

ところが、日本は現在でも明治時代の尻尾を引きずり、中央集権的な「絶対的土地所有権」の国と呼ばれている。市民的な規制、計画が基本的に確立していないのである。

大崩壊の予感

今回の高層ビル・ブームは、オフィス・ビルの乱立による空室率の上昇や建築公害の頻発に象徴される「二〇〇三年問題」を超えて、時代を画する現象を発生させるのではないか、と著者たちは懸念している。

ひょっとしたら、都市は明治の近代化、戦後の高度成長を経て、平成の大崩壊を迎える前兆のただ中にいるのではないか。

端的にいって、この現象は限りなく無限大に土地を使うことを許す日本の特異な土地所有権と、現代建築技術と結びついた飽くなき利益追求からもたらされている。

もちろん、都市が一部にそのような経済的機能をもつことを否定はしない。だが、都市で一番大切なのは、市民が安心して暮らせるということである。どんなに立派に見えるビルが建ってもそこに市民がいなければ都市ではない。そもそもコミュニティが崩壊し、一国の経済を底辺で支える経済的機能すら失われているのであれば、都市ではないのである。

二〇〇三年三月に国土交通省が発表した最新の地価公示によると、東京のビルが乱立するごく一角だけ地価が反騰し、全国平均では住宅地が五・八％、商業地が八・〇％と前年にくらべて安くなっている。日本の地価は一二年連続して下落し、その下落はかえって加速しているようにみえる。

そして、東京などの高層ビルや巨大マンション開発の現場には、ミニ・バブルといってもいい活発な建築が続いているのに、バブル時代の熱狂はない。壮大な共倒れを意識してか、沈鬱な雰囲気さえただよっている。

平成の大崩壊を筆者たちが予感するのは、土地を利益の追求に使い続けてきた結果、ビルやマンションの大規模な共倒れが起き、日本の経済は、そして私たちの生活は崩壊するのではないかと考えるからだ。土地資本主義といわれた日本経済は構造的に破局を迎えるのではないか。

小泉純一郎内閣の「都市再生」政策は根本的に間違っているのではないか。そしてこの事態に歯止めをかけ、本来の都市を取り戻すためにはどうしたらよいか。私たちは市民が安心して暮らせる町を市民自身がつくる「美しい町」として提起し、そのための原理論として、憲法の中に「美しい都市をつくる権利」を書き込むべきだと考えた。

住宅地は暮らしの場所であり、子どもを育てる場所であり、いつか死ぬ場所である。そこは美しくなければならない。そこでは建設のときから甚大な建築公害をまきちらし、できてしまえば周辺住民の住環境から景観まであらゆるものを半永久的に破壊する高層オフィスやマンションは排除されるべきである。それはビジネス・センターなど都市の一部に集められるべきものである。経済は暮らしの前には従属的であるべきだ。そして暮らしを優先させたほうが、日本の経済のためにもなるはずである。

日本の市民はどのような都市に住みたいのか。それをどのように実現するのか。私たちはこの問題を高層ビルに対する完全な対抗案として最終章でみることにしよう。

第二章　都市再開発の新システム

寝耳に水の公表

「都市再生本部」とは何か。

本部設置の背景や仕掛け人たちの素顔は、第四章の『仕掛け人たち』で紹介することにしよう。この章では、本部の設置の時点から始め、何をしてきたのかに焦点を絞って検討してみる。さまざまな意味で日本を変える重大な決定が次々に行なわれたからだ。

大袈裟にいえば、都市再生本部は、ギリシャの昔から、日本でいえば平安京の時代から、紆余曲折を経ながらも連綿として続いてきた「都市計画」という概念を、虐殺とはいわないまでも、否定しまった組織として私たちの記憶に残すべきだろう。

多くの市民にとって、八〇%を超える支持率を誇った小泉純一郎首相が最初の所信表明演説で言及したときには、「都市再生本部」という言葉そのものが寝耳に水だった。

自民党の小泉元厚生相が首相に就任したのは、二〇〇一年四月二六日だった。その直後の五月七日に衆参両院で初めての所信表明演説を行ない、都市再生本部の誕生をつぎの言葉で国民に告げた。

「都市の再生と土地の流動化を通じて都市の魅力と国際競争力を高めていきます。このため、私自身を本部長とする「都市再生本部」を速やかに設置します」

その後の展開は迅速だった。所信表明演説から一夜明けた五月八日の閣議で、内閣に都市再生本部を設置することを決定した。本部は全閣僚によって組織された。

本部の発足と同じ日に、その事務局が内閣官房に設置された。事務局は首相官邸や国会がある永田町にも霞ヶ関の官庁街にも近い霞ヶ関ビルの一三階に陣取った。同ビルは日本最初の超高層ビルとして知られている。

事務局の正式名称は「都市再生本部事務局」。事務局員は総勢で二九人で、国土交通省などの中央官庁、東京都から三人と大阪府から一人、それに都市基盤整備公団や経済団体から招集された。

構造改革の一環

都市再生本部の第一回会合は、発足から一〇日後の五月一八日に新首相官邸の大会議室で開かれた。席上、本部長の小泉首相は、本部の活動の指針となる「都市再生に取り組む基本的な考え方」を読み上げている。

このスピーチは、本部のその後の展開を予告し、本部設置の意味を明らかにしているので、骨子を箇条書きにしておこう。読者はあとで、思い当たることが多々あるはずである。

(1)日本の都市、とくに「中枢機能が集積している東京圏、大阪圏」などが国際的にみて地盤沈下している。二一世紀の活力の源泉である都市の魅力と国際競争力を高めることは内政上の重要課題である。

(2)そこで、小泉内閣としてはその基本課題である「構造改革の一環」として「都市再生」に取り組む。「民間に存在する資金やノウハウ」など民間の力を都市に振り向ける手法をとれば、「新たな需要」が生まれる。

(3)小泉内閣としては、民間の力をフルに発揮してもらうために、「必要な都市基盤を重点的に整備するとともに」、また「様々な制度を聖域なく総点検」し、改革を行なう。

(4)民間投資を原動力とする「都市再生」が実現すれば、「かねてから懸案となっている土地の流動化」をもたらすばかりでなく、「経済構造改革に大きく寄与し、ひいては日本再生にもつながる」。

(5)「都市再生」は、関係省庁ばかりでなく、関係地方自治体、経済界などの「各界の叡智を結集するとともに、相互に協力しあって、戦略的にプロジェクトや施策を推進していく」。

小泉首相のスピーチは、その重大さの割には、一部の経済紙などをのぞくと新聞やテレビの扱いは地味だった。マスコミの大半は、その意味に気づいていなかったように見えた。筆者たちには、マスコミはいまもなお、小泉内閣が打ち出した「都市再生」の全体像をとらえて報道していないという印象がつづいている。

目的と手段は明快

小泉内閣の「都市再生」戦略の手法や目的は、露骨なほど明確だ。先の小泉首相スピーチの箇条書きにした骨子(2)をご覧いただきたい。これを敷衍すればこうなるだろう。

都市再生事業は、民間事業者の資金やノウハウを都市に集中すれば、バブル崩壊後は低迷を続け、この数年は、デフレ症状が深刻化する経済復活のための「新たな需要」を喚起する決め手になる。

そして、骨子(3)をご覧いただければ、小泉首相は、「都市再生」の「民活」的な手法を強調し、「都市再生」の目的を達成するためには、「必要な都市基盤を重点的に整備」し、「様々な制度を聖域なく総点検」し、改革を行なうと宣言したのだ。

必要な都市基盤とは何か。聖域なき制度改革とは何か。結論を先取りして言えば、それは小泉政権が発足時に決別をうたった「公共事業偏重」を特徴とする「土建国家」の再編と中央集権的な強化であり、都市計画や建築ルールの解体であるのだが、このことは都市再生本部が会合を重ねるごとに明らかになっていく。

個々の会合を追う前に、骨子(4)をみておこう。「都市再生」の目的がここではより露骨にみえる。つまり、景気対策、より直接的には小泉政権が陥ったデフレの泥沼から脱出し、あわよくばバブル崩壊から長年この国の経済の足かせとなっている不良債権化した土地を再活用しようというのである。「土地の流動化」という言葉はこのことを指している。

そして骨子(5)でみるように、小泉内閣は、「都市再生」を関係省庁、関係自治体、そして経済界の総力を結集して取り組み、具体的なプロジェクトや政策を推進していくと宣言している。

ここに見事なまでに欠落しているのは、都市化が進んだとはいえ、大半の国民がいまだに住んでいる大都市圏以外の「地方」への配慮であり、一人ひとりの市民が「都市再生」でどのような利害を受けるかという人間的な目線である。

その「地方」では、県庁所在地などをのぞけば、多くの市町村が過疎化の中にある。郊外の大型スーパーに客を奪われて久しく中心区域が空洞化し、シャッター通りが当たり前になっている。廃業のため店を売りに出しても買い手がつかず、地価は実質的にゼロという地域が続出している。

そして、都市の生活者に目を向ければ、「都市再生」の象徴である超高層ビルの建設のために、生まれた土地、生業を営んできた土地を追われる人々がふえる。追われないまでも、超高層ビルの陰で景観や太陽を奪われ、ビル風や電波障害に見舞われ、プライバシーを失う人々も大量に出て、建築紛争はさらに激化するだろう。

新顔の公共事業

都市再生本部の会合について順を追ってみていこう。小泉内閣の「都市再生」が何を意味していたのかがつぎつぎに明らかにされてくるはずだ。表2-1は二〇〇三年三月までに開かれた九回の本部会合の開催日時を示した一覧表である。

表2-1　都市再生本部の会合

	開催日時
第1回	2001年5月18日(金)
第2回	6月14日(木)
第3回	8月28日(火)
第4回	9月20日(木)
第5回	12月 4日(火)
第6回	2002年4月 8日(月)
第7回	7月 2日(火)
第8回	10月 4日(金)
第9回	2003年1月31日(金)

都市再生本部は第二回の会合で、つぎに掲げる三つのプロジェクトの推進を決定した。

(1)阪神淡路大震災を教訓に、東京圏の広域的な災害対策活動の核となる現地対策本部機能を備えた拠点をつくる計画を策定する。大阪圏でも同様な拠点を検討する。

(2)大都市圏のゴミ・ゼロを目指し、まず東京臨海部に複合的な「高度リサイクル施設」を首都圏の自治体が協力して計画し、先行的に実施する。参加するのは東京都、神奈川県、千葉県、埼玉県などである。

(3)中央官庁の施設の建設や維持管理にPFI(プライベート・ファイナンス・イニシアティブ)を積極的に導入する。先行プロジェクトとして、東京・霞ヶ関の文部科学省と会計検査院の建て替えをPFI方式で行ない、両官庁ビルを含む街区全体を再開発するための調査を実施する。

(1)と(2)は、耳ざわりの良い事業のようだが、広大な未利用地を残している東京湾や大阪湾の埋め立て事業に対する救済事業の意味合いも否定できないことを指摘しておこう。

(3)のPFIの本場は英国で、保守党のジョン・メージャー政権が一九九二年に導入したもので、一口にいえば公共事業の民営化である。

日本でも自民党が一九九七年に、バブル崩壊で低迷する景気対策の一つとして導入の検討を始めた。翌年には議員立法で「民間資金等の活用による公共施設等の整備等の促進に関する法律」という長い名前の法律をつくり、一九九九年九月に施行された。

これまでPFIが導入されたケースは、二〇〇〇年一〇月に稼動開始した東京都の金町浄水場の発電設備など、自治体の事業に限られていた。それを国レベルでも実施しようというのである。「官」がやってきた事業を景気対策のために「民」にやらせるという狙いのほかに、国としてもますます窮屈になる予算をにらんで、建設費や管理・維持費を月賦ならぬ年賦で払っていこうというわけである。
これらの第一決定と銘打たれた三つの「都市再生プロジェクト」は、いわば公共事業の新顔だった。

古顔の登場

ところが、都市再生本部が第三回会合で決定した第二次「都市再生プロジェクト」は数も多く、規模も大きいほか、大部分が以前から進行中か計画中の公共事業の古顔だった。なかには立ち往生し、破綻寸前の大規模公共事業まで含まれていた。主な公共事業をひろうとつぎのようになる。

⑴大都市圏における国際交流と物流機能の強化

新東京国際空港(成田空港)の二本目の滑走路が二〇〇二年に供用開始されたが、滑走路の先端付近に反対派農家があり、長さが二五〇〇メートルと短く、ジャンボ機の利用はできず、暫定的な供用開始だった。

都市再生本部は、この第二次決定で、二本目の滑走路の「早期完成を図る」としている。つまり、農家の移転を視野に計画通りに三五〇〇メートルに延長すべきだ、と主張しており、反対派農家の心情は無視されている。

さらに、東京国際空港(羽田空港)は滑走路が三本と拡張整備されたが、本部は「国際化を視野に入れつつ再拡張に早急に着手し四本目の滑走路を整備する」と強調している。成田空港の開港にあたって、地元の千葉県や成田市に国が約束した「国際線は成田、羽田は国内線」という棲み分けは、あからさまに反故にされている。

大阪湾の関西国際空港は、二〇〇二年には旅客数でも伊丹空港に抜かれ、現在建設中の第二滑走路の不要論がさらに高まっている。しかし、都市再生本部は、伊勢湾の常滑市沖二―三キロの海上に建設中の中部国際空港とともに、関西空港の第二期工事も「需要に応じて時機を失することなく整備する」とうたっている。

本部はまた、二〇〇五年一〇月の開港を目指して周防灘の人工島に建設中の福岡・北九州都市圏の「北九州空港」について、「その需要を考慮し、空港アクセスの確保について検討する」と踏み込み、福岡国際空港との兼ね合いなどから採算性に疑問のある構想にお墨付きを与えている。

要するに、大都市圏に建設中あるいは計画中の巨大空港のすべてにゴーサインを与えたのだ。

(2)大都市圏の国際港湾の機能強化

具体的な港湾名を避けているが、本部は、東京圏、名古屋圏、大阪圏、北部北九州圏の「中枢国際港湾」について、「港湾の二四時間のフルオープン化」とともに、「大水深コンテナターミナルの整備を図る」と決定した。

これはすでに進行中で過剰建設という批判の強い「大水深ターミナル」の建設計画の推進をうたったものだ。

横綱の再登場

しかし、同じ古顔でも、都市再生本部の第二次プロジェクトで規模、コストとも圧倒的なのは道路の整備である。具体的にみてみよう。

(3)大都市圏における環状道路体系の整備

まず東京圏が取り上げられている。具体的には、東京都心から近い方から挙げると「首都高中央環状線」、「東京外郭《かく》環状道路」そして「首都圏中央連絡道路」という、いわゆる「首都圏三環状道路」の整備を推進するとしている。

これらの高速道路は、退去を迫られ生活権を奪われる市民が多いこと、沿道の大気汚染や振動・騒音被害がひどいこと、そして巨額の費用がかかること、などの理由から建設工事は遅々として進まず、「東京外郭環状道路」にいたっては住民の反対で三〇年も工事が凍結されてきた。

しかし、本部は、例えば、「東京外郭環状道路」については、地上を走る現計画を「地下構造」に変更すべきだ、と具体的な推進のための提案まで行なっている。関係住民が、地下化の構想を知らされたのは、これより一年以上たった二〇〇二年末のことである。

東京圏ではほかに、横浜環状線の整備推進と、同環状線北側と東名高速道路との接続道路建設の都市計画決定を「早急に実現」せよと発破をかけている。本部の注文は詳細を極めており、停滞している環状道路建設ばかりでなく、その先の先までのアクセス道路の建設にまで拍車をかけている。

このほか、本部は大阪圏では、「大阪都心部における新たな環状道路の整備」と「京都市圏における環状道路の整備」を挙げた。名古屋圏と福岡圏でも環状道路の整備の推進をうたっている。

要するに、大都市圏で難航している環状道路の建設に一斉に拍車をかけた図である。休場中あるいは引退を覚悟していた公共事業の横綱を土俵に引っ張り出しているようなものだ。「小泉=反道路」というイメージがあるが、現実には道路の推進なのだ。

しかも、本部は大規模空港や大規模港湾整備には、それぞれについて複数のアクセス道路を具体的に挙げて推進の号令をかけているのである。公共事業費の四分の一を占め、公共事業の王様といわれた道路建設が大都市圏で集中的に行なわれようとしている。これをみただけでも都市再生とは、公共事業の大都市集中化と再編・強化であることは疑いないだろう。

ライフサイエンスの国際拠点とは

第二次決定のなかには筆者たちの大阪市の友人らも首をひねったプロジェクトがあった。それがつぎの項目である。

(4)大阪圏におけるライフサイエンスの国際拠点形成

都市再生本部の発表は不明瞭だった。一部をそのままお目にかけよう。だれでも具体性に欠けていると思うだろう。

「大阪圏においてライフサイエンスに関する大学や試験研究機関、医療・製薬産業等の集積を育成し、相互に連携させることにより、ライフサイエンスの基礎から臨床研究、産業化に至る総合的な国際拠点を形成し、経済再生を通じて都市再生を図る」

場所も「大阪北部地域」とあるだけで、地名を挙げて特定しているわけではない。しばらく調べて行き当たったのが、大阪府北部の茨木市から箕面市の丘陵地帯で開発中の住宅・産業複合ニュータウンである。阪急グループなど民間主体で、「国際文化公園都市　彩都」と名付けられている。

開発面積は七四三ヘクタールもあり、計画居住人口は五万人、施設人口(従業者と通学者)は二万四〇〇〇人で総事業費は七〇〇〇億円を上回る。官民を問わず、現在進行中のニュータウン開発としては全国でも最大規模だろう。

大阪府は、道路、河川整備、砂防ダム、下水施設整備などで総額一七〇〇億円の土木工事を受け持ち、ほかに一〇五六億円もかけて大阪高速鉄道のモノレールの延長工事を進めて全面支援している。

ニュータウンの一部は二〇〇四年春にはオープンする計画だが、造成が終わっているのは二〇〇三年初頭で二〇%程度だ。マンションや戸建て住宅のモデル・ルームが建設されたにすぎない。

都市再生本部が支援に力こぶを入れる肝心の「ライフサイエンスの国際的拠点」だが、開発地域全体の二七・八%にあたる誘致施設用地二〇四・六ヘクタールがそれに当たる。しかし、ライフサイエンス関係で誘致が決まっているのは厚生労働省の「医薬基盤技術研究所(仮称)」だけで、ほかの研究機関や製薬会社の進出はまだない。

ライフサイエンス関係施設の進出が進まないと、開発計画全体の推進力が低下するおそれがある。

一般的に民間の開発計画に周辺自治体は至れり尽くせりの支援をする。財政難にあえぐ大阪府の巨額の支援をみるとここも例外でないことがわかる。

「彩都」でもう一つ目につくのは都市基盤整備公団の存在である。年配者にはかつての日本住宅公団といったほうがなじみがあるだろう。ここでは区画整理事業方式で開発を仕切っているのが同公団であり、マンション等の開発業者としても名を連ねている。

この本のテーマである民間主体の都市再開発でも、同公団は大きな役割を演じている。つまり、立ち往生した民間開発に対する国家的なテコ入れの先兵になっているのだが、詳細は第四章で説明することにしよう。

それにしても、なぜライフサイエンスの国際拠点として「彩都」が、「都市再生プロジェクト」に指名されたのか、本部のその後の動きで明らかになってくる。

人間の声

巨大都市とその周辺における公共事業の総ざらい的な復活・再編と推進ばかりが目立つ第二次「都市再生プロジェクト」で異彩を放っていたのは、次のプロジェクトだ。多くのプロジェクトのなかで唯一人間の声、いや幼児の元気な声が聞こえてきそうなものも取り上げなければ、不公平のそしりを免れないだろう。

(5)都市部における保育所待機児童の解消

都市再生本部に提出された文書はいう。

「少子高齢社会に対応した都市再生を実現するため、都市部において数多く存在している保育所への待機児童の抜本的な解消を図る」

これだけ読むと、大都市を中心に全国で五万人以上にのぼる保育所の待機児童は近い将来、新たな保育所で笑顔を浮かべたり、おしゃべりをして、両親は安心して職場に向かえると想像するだろう。

しかし、どこに保育所をつくるのだろう。

まず、利用しやすい場所に保育所の設置を推進するという。具体的には、駅や駅前にビルを建てるときに保育所など生活支援施設を併設すれば、「容積率緩和の特例措置を講ずる」。また、駅や駅前ビルの空き室を有効利用して保育所の設置を促進することもうたっている。

ついで、商店街の空き店舗や小中学校の空き教室を転用し、あるいは公営住宅や公団賃貸住宅の建て替えにあたっては保育所などの生活支援施設の設置を原則とするという。

ご覧のように、都市再生本部の手にかかると、保育所の増設も大規模建築や都市再開発、あるいは空き室対策の問題にすり替わってしまう。

多くの自治体ではこの数年、保育所や学童保育の予算を削っているのはよく知られている。東京都や大阪市の自治体の担当者に聞くと、今後は予算不足から幼児・児童対策は、ますます民間に依存するようになるという。

しかし、待機児童が圧倒的に多い東京都や大阪市で、駅に併設された高層ビルや、駅前ビルに保育所をつくる例はあまりない、と指摘する。賃貸料が高くて、保育ビジネスが成り立ちにくいからだ。

大都市では、駅に近いなどの利便性の高いビルの空き室を転用しようにも、改装費用や賃貸料を計算すると採算ベースに乗りにくい。各地の県庁所在地ですらビルの空き室がふえているのに、民間の転用保育所はほとんど見当たらないというのが実態だ。

都市再生本部が少子化対策の切り札と喧伝した駅や駅周辺ビルにおける保育所増設の構想は机上の空論に終わりそうなのである。

PFIに拍車

都市再生プロジェクトの第二次決定のしんがりは、第一次決定で顔をのぞかせたPFIの一層の推進である。

(6)PFI手法の一層の展開

官庁ビルや公務員宿舎、公団や自治体の公営住宅などの公的建築物を取り壊し、それらを高層化してつくった余分の敷地を民間のデベロッパーに貸したり、払い下げるイメージがはっきりしてきた。

デベロッパーやそれと組むゼネコン、金融機関にとって、こうした事業は新しいビジネス・

チャンスだし、相手が国であったり、公団だったり、自治体であるので、ほとんど取りっぱぐれがない。おまけに、オフィス・ビルやマンションを建てるための安い土地が手に入るのだからこたえられないだろう。

本場の英国では、民間企業は事業の採算割れや失敗の責任を自分でかぶることになっているが、日本のPFI法は、そうした責任を免除する仕組みになっている。都市再生本部が大盤振舞いで推進するPFIは、公共事業以上においしい、新しいビジネスなのである。

マスメディアの沈黙

小泉内閣の目玉商品は「聖域なき構造改革」であった。当初この公約にもとづいて小泉内閣は「郵政事業」や「道路公団」の民営化などを打ち上げたが、いずれもアドバルーンであったり、かえって悪くなったりしている。

もしかすると小泉内閣の最大の仕事となるかもしれない「都市再生」について、詳しく追ってきた。筆者たちには、これほど重要な政策転換をマスコミが十分報道してこなかったとみえるからだ。

多くの日本人は各種の世論調査をみても、公共事業にむだが多く、その大半はいらないと考え始めている。危機的に積み上がっている国債や地方債の主な原因が公共事業の乱費であり、その利払いのためだ、ということもいまや国民的な常識だ。

それにもかかわらず、小泉内閣はまたまた「都市再生」の名のもとに、都市に集中して公共事業を再編成し、強力に推進しようとしている。

首相官邸の大会議室で開かれる全閣僚出席の都市再生本部の会合では毎回洪水のように文書が配られるが、そこには費用に関する記述がまったくといっていいほどないのは驚きである。

たとえば、都市再生本部は先にみたように首都圏の三環状道路の建設推進をたからかにうたいあげていた。しかし、都心から六〇キロ圏に計画されている首都圏中央連絡道路はまだほんの一部しか完成していない。本当にこの環状高速道路を完成させるためには、気の遠くなるような歳月と、そして数兆円規模の用地費と工事費が必要だろう。

しかも、すでに完成した高尾山トンネルをはじめ自然破壊、車の走行による大気汚染の危険、住みなれた人々を追い出す土地収用の強制執行など、この計画は旧態依然とした公共事業の典型なのだ。

費用ばかりでなく、巨大公共事業が人々の生活や環境に及ぼす影響などを考えれば、道路を中心とした公共事業の大復活計画はもっと知られ、議論されるべきだというのが筆者たちの確信である。

実は、都市再生本部は九回までの会合で、以上に紹介したほかに、さらに第三次と第四次の

「都市再生プロジェクト」を発表している。二〇〇一年の暮れも押しつまった同年一二月四日に開かれた都市再生本部の会合で、その第三次の都市再生プロジェクトが決定された。内容をみてみよう。

住民はどこへゆくのか

第三次決定には二つの大規模なプロジェクトが決定されている。

(1)密集市街地の緊急整備

この日の会合に配布された資料によると、密集市街地は全国で二万五〇〇〇ヘクタールある。とくに東京と大阪に集中しており、それぞれに六〇〇〇ヘクタールずつの密集市街地がある。

このうち、東京と大阪については、密集市街地を貫く「骨格軸を形成する」という。添付の地図によると、東京では環状六号線、環状七号線、環状八号線の整備のことである。大阪では、内環状線、中央環状線、そして外環状線の整備である。

それだけでも膨大な事業だが、さらに「密集市街地のうち、特に危険な市街地(東京、大阪で各二〇〇〇ヘクタール、全国で八〇〇〇ヘクタール)を重点地区として、今後一〇年で整備」するとしている。ここで整備というのは、密集市街地を取り壊して、道路ならびに高層住宅とオフィス・ビルを建てることである。

問題はその手法だが、それはつぎの二つである。
①未整備都市計画道路の重点整備とこれと一体となった沿道建築物の整備をする。
②従前居住者対策、低・未利用地を活用した市街地整備等を総合的・集中的に実施する。
お役所言葉を解読してみよう。「未整備都市計画道路」とは、戦後に計画され都市計画決定された道路のうち、まだ建設が始まっていない道路のことだ。

たとえば、二〇〇二年末に建設計画が浮上してマスコミの珍事扱いで話題になった通称「マッカーサー道路」である。第一章でみたように、東京、いや日本でも最大級の再開発が続く旧国鉄操車場跡地の汐留地区(シオサイト)と新橋と環状二号線(外堀通り)の西南端の虎ノ門をつなぐ一・三五キロだ。

ここは幅一〇〇メートルの道路として計画された。米軍の占領下、竹芝桟橋から米国大使館へ向かう軍用道路とみられたため、この通称がついた。一九五〇年には、幅が四〇メートルに縮小されて計画の具体化にむけて動きだしたが、平屋や二階建ての民家や商店が密集している場所とあって、住民の反対で凍結された。

なぜ今になって建設が実現に向けて動きだしたのか。まさに都市再生本部のいう手法①「未整備都市計画道路の重点整備とこれと一体となった沿道建築物の整備」なのである。

初めの計画では道路は技術的制約もあって地上だったが、今度は大部分を地下にして、地上に高層建築物を建てるようにすれば、都市再開発の優等生になる。さらに汐留地区および臨海副都心を都心と直接結ぶ動脈が出現するばかりか、汐留開発が完成する二〇〇七年にむけて予想される交通渋滞の緩和にも役に立つという計算がある。

本部は、住民の反発を恐れて、具体的な対象場所の列挙を避けたが、都市計画道路の着工と沿道の再開発の最優先候補として「マッカサー道路」が念頭にあったことは疑いない。

多額の資金が投入されてきた東京でさえ都市計画道路のうち実際に建設され、車が走っているのは全体の五五％に過ぎない。未整備の都市計画道路は、「建てる側の人々」にとっては、ほとんど無限ともいえる「ビジネス・チャンス」の宝庫なのである。

地上げの悪夢

では「従前居住者対策、低・未利用地を活用した市街地整備等を総合的・集中的に実施」という②の決定は何を意味するのか。ありていにいえば、東京や大阪など大都市に多数ある木造密集住宅地域や低層住宅地域の再開発である。「従前居住者対策」とは、こうした地域に住んでいる市民をどう移転させるかというお役所言葉なのである。

一体どう移転させるのか。すぐ連想されるのは、一九八〇年代後半に中曽根康弘首相による「アーバン・ルネッサンス」の掛け声のもと都市再開発ブームのなかで起きた数々の地上げだろう。

買収や移転を拒否する住民の自宅や借家にブルドーザーが突っ込み、放火され、暴力団が一晩中拡声器で代わるがわるどなり続けるなどの事件がめずらしくなかった。このできごとは当事者となった市民の心に大きな傷として残っているし、地上げされた土地もその後、「虫食い土地」として全国に、とくに大都市でいたるところに放置されている。これが不良債権の現場である。

とくに東京の木造住宅密集地域は、「つぎの関東大震災」の襲来が地震学的に確実視されていることを考えれば、その防災対策、安全対策は緊急に必要だ。阪神淡路大震災で六〇〇〇人という現代の先進諸国では極めて多数の犠牲者がでたのは、木造密集住宅の倒壊と火災が原因だったから、なおさらである。

しかし、民間頼りの「都市再生」では、バブル時代の悪夢が繰り返されないという保証はどこにもない。マスコミの分析的な報道が少ないこともあって、住民たちの反応はなきに等しいことも危惧される。

筆者たちは、都市再生本部の打ち上げた公共事業の再編・強化よりも、そうしたことに使える公的資金があるのであれば、木造密集住宅地域を良質で周辺の環境に調和した低層共同住宅に建て替える事業にこそ優先的に振り向けるべきだと考えている。

公有地はどこへ行く

ここでは先を急ぎ、第三次決定のもう一つの柱をみてみよう。

(2)都市における既存ストックの活用

ここでの目玉はつぎの二つだろう。

①公共賃貸住宅約三〇〇万戸の総合的な活用

②学校の余裕教室や使用をやめる庁舎等公共施設等の用途転換による有効利用

①は、都市基盤整備公団が一〇年ほど前から団地の建て替え事業を進めているが、今後は自治体の公営住宅も大々的に加わるという構想である。「総合的な活用計画」というのは、その際に、低・中層の公営住宅を高層化して、残りの土地を民間事業者に長期リースしてマンション建設などに使わせるというものだ。

②の意味は、その後二〇〇三年一月三一日の第九回会合で行なわれた第五次決定でその一端が明らかになった。二〇〇二年七月二日の第七回会合で決まった第四次決定は、東京圏や関西圏のライフサイエンスの振興を強調していたが、ここでは省こう。

その第五次決定は、「国有地の戦略的な活用による都市拠点形成」の一項目である。その意味するところは、都市とくに東京の顔を大きく変えてしまうほど影響をもつ可能性がある。

都市再生本部の第九回の会合で配布された文書によれば、この決定は「都市内の貴重な土地である国有地を起爆剤として活用し、総合的な都市再生を戦略的に進める」としている。具体的なモデルとして示されたのはつぎの三件である。

・大手町合同庁舎跡地の活用による国際ビジネス拠点の再生

・中央合同庁舎第七号館(文部科学省、会計検査院の建て替え)を契機とした国有地を含む街区全体の再開発の実施

・名古屋市名城・柳原地区の国家公務員宿舎、市営住宅、民有地について、一体的な建て替えによる複合都市拠点形成に向けた計画策定

このうち何といっても圧倒的に重大なのは、大手町合同庁舎跡地を「起爆剤」として進める大規模な再開発事業である。

なにしろ最終的には、日本を代表する大企業の本社、経団連会館、読売新聞、日本経済新聞、産経新聞の大手マスコミ三社をはじめ二〇棟以上の巨大ビルが建ち並ぶ三八ヘクタールを再開発するという構想である。

この地区の再開発は玉突き式に進めるにも地区内に最初の移転先がないため立ち往生していた。ところが、その一角にあった中央合同庁舎一号と二号館にあった国土交通省、財務省などの出先機関が二〇〇三年二月までにすべて移転し、玉突き式再開発の最初の移転先候補に浮上

した。

東京都と地元の千代田区が推進役になって地権者が出資する特別目的会社を立ち上げ、同跡地を特命随意契約で財務省から売却してもらい、そこを基点として玉突き式に建て替えて「新たな国際ビジネス拠点にする」という構想だ。

国民の共有財産の国有地なのだから、跡地を震災などの避難場所として使える公園にすべきだという声は政府の審議会の議論でも出ている。しかし、財政危機に直面している財務省は国有財産の売却に熱心だ。

大手町合同庁舎跡地は全部で一・三四ヘクタールだが、面積的にはその一〇倍もある中野警察学校などの跡地の売却も急いでいる。こうなると国有地の投売りである。

国ばかりではない。お札を刷れない自治体は国以上に財政的に切羽つまっている。東京都などもこの数年は毎年二〇―三〇件もの都有地の売却になりふり構わずに取り組んでいる。

「都市再生緊急整備地域」

そして最後に、ある意味ではもっと重大な、本書の中心テーマに触れる一連の決定が都市再生本部で行なわれたことをみよう。それは、青天井の建築物を認める規制緩和の極致と騒がれた「都市再生緊急整備地域」である。

では、都市計画の戦後史の一大転機といっても過言でない「都市再生緊急整備地域」をめぐる一連の出来事を、都市再生本部の動きを中心に時間の経過にしたがって追ってみよう。

本部は二〇〇一年八月二八日の第三回会合で、「民間都市開発投資促進のための緊急措置」を決定している。

「現下の厳しい経済情勢を踏まえ、民間都市開発投資の前倒し・拡大をはかる緊急措置として、都市再生の主要な担い手である民間都市開発プロジェクトの立ち上がりを支援する」として、民間事業者に都市再開発計画を提案するように呼びかけた。

明確なのは、都市再生の大きな狙いは経済対策だということである。政府としては、景気回復の切り札として大都市の再開発事業の募集に大号令を発したわけである。

同年一二月四日の第五回会合に、この大募集の結果が報告された。

それによると、同日までに二八六の提案があった。内訳は民間提出が二〇五件、地方公共団体が一五五件で重複するものもあった。地方公共団体の提案は公共事業が多数を占めていた。民間提案の案件のうち同本部がいう東京圏だけで過半数を占めた。民間提案は全体で二〇五件だが、東京圏は一三二件で、東京都だけで七二件に達する。ついで大阪圏の三二件、名古屋圏が一三件、福岡・北九州圏は六件で、残りは他の地域だった(表2-2参照)。

これらの事業提案のなかから、本部はこの日、優先的に促進する案件の条件を示した。主な

表2-2　民間都市開発投資プロジェクトの案件数

	民間事業者の提出案件数	地方公共団体の提出案件数	全国の都市開発投資案件数（左の件数を除く）
東京圏	132	91	182
東京都	72	28	81
神奈川県	27	45	54
埼玉県	14	14	27
千葉県	19	4	20
名古屋圏	13	16	17
愛知県	13	16	17
大阪圏	32	27	39
大阪府	22	21	26
京都府	5	6	8
兵庫県	5	0	5
福岡・北九州圏	6	4	10
福岡県	6	4	10
その他	22	17	38
合計	205	155	286

条件は二つだった。

・民間の投資規模が大きいもの（おおむね一ヘクタール以上で、三年以内に着手予定のもの）

・都市再生上の意義が高い事業（都市構造再編促進効果の高いもの、新しい事業手法を導入するもの、土地の流動化に資するものなど）

そして、この条件にかなう具体的な九八の案件をリストアップした一覧表が配布されている。

工場跡地や売れ残った工業用地など「大規模な土地利用の転換」が三五件、数が多いのはおなじみの「駅周辺整備」で四三件、密集市街地での開発が七件、虫食い地の集約・開発が五件、先に登場したマッカサー道路など「広域交通基盤整備」が三件、そしてきわめて大規模な六本木防衛庁跡地開発など二件が「新しい手法による開発」として挙げられている（表2−3参照）。

願望リスト

都市再生本部は、大規模都市開発を募集したほか、同時に民間事業者やその団体などから、こうした都市開発案件を実現するための要望を聞いた。

どこの国でも都市には多くの規制がある。都市の街並みの美しさを保ち、建築物が周辺住民に与える被害を防ぎ、法人あるいは個人を問わず法の公正さなどを守るためである。土地の所有権者は法人であったり個人であったり、あるいは国や公共団体であるが、その利用はだれしも平等に規制を受ける。それが都市計画というものだ。

だからフランスの首都パリでは中心である凱旋門の周囲の建物は一世紀以上前のたたずまいを残しているし、ドイツのボンに行けばベートーヴェンが住んでいた家や周辺の住宅地はほぼそのままになっている。同じドイツのドレスデンは第二次世界大戦中に連合軍の爆撃で壊滅状態になったが、建築物を戦前の姿に戻す努力がいまでも続いている。

ひるがえって、第三章で述べるように、日本の都市計画法や建築基準法はもともと規制が緩

	レー香椎(福岡県), 西宮北口開発(兵庫県), 尾張西部都市拠点地区, 枇杷島東地区, 牛島南地区開発, 納屋橋西地区再開発, 納屋橋東地区再開発, 千種駅南地区再開発, 栄3丁目6番地区再開発, 名駅四丁目7番地区(以上, 愛知県), 寝屋川市駅東地区再開発, 茶屋町地区再開発, 玉出地区再開発, JR京橋駅前再開発, JR高槻駅北地区再開発, 難波地区再開発(以上, 大阪府), 京阪三条開発計画, 松下電器工場跡地(京都駅南口)開発(以上, 京都府), 広島駅表口Bブロック地区再開発, 緑井駅周辺地区再開発(以上, 広島県), JR筑前新宮駅前地区, 薬院大通り西地区再開発(以上, 福岡県), 札幌北8西3東地区(北海道), 花京院1丁目地区(宮城県)
虫食い地	赤坂4丁目薬研坂北, 赤坂薬研坂南地区, 西富久地区, 湊2丁目地区(以上, 東京都), 阿倍野常盤地区開発(大阪府)
密集市街地	淡路町2丁目地区, 日本橋浜町3丁目西部地区, 西新宿3丁目西地区再開発, 西新宿6丁目西第6地区再開発, 西新宿8丁目成子, 東池袋4丁目地区(以上, 東京都), 福島区北西部地区(大阪府)
広域交通基盤整備	環状2号新橋・虎ノ門, 大橋1丁目まちづくり(以上, 東京都), 中之島西部地区再開発(大阪府)
新しい手法	六本木防衛庁跡地開発(東京都), 御堂筋沿道地区開発(大阪府)
その他	環境創生拠点の構想, PCB廃棄物処理拠点, 渡田新産業拠点計画(以上, 神奈川県)

(注) 民間事業者から提出されたプロジェクトのうち, 地方公共団体が特に重点をおいて促進する意向のものを記載

いのに、この三〇年間は緩い規制が緩和につぐ緩和で、ほとんど何でもありになっていた。

それでもゼネコン業界や不動産業界などは、規制があること自体がビジネスに邪魔だとばかり嫌悪をいだいてきた。そこへ、御上、つまり都市再生本部から、いかなる要望もお聞きしますというお触れが回ったものだから、業界から、最低限にされつつも残っていた規制も全部ふっとばせといわんばかりの、ありとあらゆる「要望」が噴出した。

表2-3　民間から提出されたプロジェクト例

都市再生上の意義	プロジェクト名(例)
大規模土地利用転換	晴海2丁目再開発，晴海3丁目再開発，晴海4丁目再開発，晴海アイランド計画，勝どき6丁目開発，IHI豊洲開発，豊洲地区開発，有明北地区開発(以上，東京都)，いずみ田園第一地区，MM-21-28街区プロ，北仲通北地区再開発，横浜新山下臨港準工地区，浅野ドック跡地開発，東戸塚上品濃地区開発，高島2丁目地区再開発(以上，神奈川県)，三菱マテリアル総合研究所(埼玉県)，蘇我臨海地区，木更津南部地区複合開発(以上，千葉県)，千種2丁目地区開発(愛知県)，筆ヶ崎地区，福崎地区開発，湊町再開発，大阪駅北地区，咲洲コスモスクエア地区，此花西部臨海地区，堺第2区開発，守口市大日地区，鳳駅南周辺地区(以上，大阪府)，神戸港貨物ヤード地区，あまがさき緑遊新都心地区(以上，兵庫県)，島津製作所五条工場跡地開発，キリンビール京都工場跡地開発(以上，京都府)，札幌北4東6地区(北海道)，名取市臨空土地区画整理(宮城県)，アイランドシティ整備事業(福岡県)
駅周辺整備	大崎駅東口第3区，大崎駅西口中地区，明電舎大崎開発，上目黒1丁目再開発，東京駅八重洲開発，丸の内1－1地区開発，東京ビル建替え計画，日比谷パークビル建替え計画，北品川5丁目第1地区，東五反田2丁目第2地区，東五反田4－1街区，秋葉原地区開発(以上，東京都)，武蔵小杉駅南部地区，武蔵小杉駅南口地区西街区，鶴ヶ峰駅南口地区，相模大野駅西側地区，小田急相模原北口A地区，小田原駅東口お城通り地区(以上，神奈川県)，市川駅南口再開発(千葉県)，クリスタルヴァ

事務局がまとめた「願望リスト」は三つに分類されているのだが、そこには、業界のリスクを最小限に、利益は最大限にという欲望がにじみ出ている。

たとえば、大型の開発になると、土地の取得に苦労するし、地権者や借地人との利害調整と合意形成に時間がかかる。周辺の道路から学校まで公的施設に大きな負担をかけるし、周辺住民に対する被害も考えなければならない。それぞれの関係者や周辺住民との権利調整を考えると開発手続には時間がかかる。

それらを事務局は、業界がか

ぶる「時間的なリスク」と分類しているのだ。この「願望リスト」と分類の仕方は、同本部の目線がどこにあるか、軸足がどこにあるかをよく示している。業者以外の多くの関係者や周辺住民あるいは地域社会が負うリスクは一顧だにされていない。

そして驚くべきことに、同本部は業界のリスク軽減と願望の実現に全力を挙げ、特別の法律をつくるのである。業界の願望がそのまま立法化された過程をたどるために、この日の都市再生本部の会合に提出された「願望リスト」をみてみよう。政官財の癒着が指摘されて久しいが、これほどあからさまな事例があっただろうか。

さまざまな要望

本部は、要望を三つに分類している。項目があまりに多いので主なものを表2－4にして掲げてある。各分類を順に点検し、必要なものは解説を試みよう。

まず「手続の短縮化、期間の明確化」という第一の分類である。

三つ目の項目はわかりにくい。開発地域の地権者や借地人の権利などを再開発ビルにどう移すかを決めるのは、利害の衝突で時間がかかるのが通例だ。現在は、権利変換計画が認可されてから、開発地域を走る道路の廃止手続を始める。二つの手続を同時並行的に進めて、権利変換ができたら、すぐ着工できるようにせよという要望だ。

表2-4　都市再生本部に出された業界の主な要望

1　時間リスク等の軽減(手続の短縮化，期間の明確化)

・高層建築物に関する環境アセスメント条例を緩和して期間の短縮を図る

・市街地開発事業の都市計画決定にあたって地権者や借地権者の高い合意率を求められて事業が長期化するのでその対応を求める

・市街地開発事業の権利変換手続と，道路廃止手続との進度調整を行ない，権利変換の認可後の「速やかな工事着工の実現」

・埋蔵文化材調査期間の短縮

・大店法と都市計画法手続の併行処理による期間の短縮

2　地域特性に応じた民間の創意工夫を生かせる対応など

・都心部への大学や工場の立地を制限する工業(工場)等制限法の撤廃・大幅な緩和

・用途地域の早期変更，臨港地区の解除

・再開発地区計画などの容積率の特例措置の緩和

・日影規制の緩和

・駐車場法に基づく各自治体の駐車場付置義務条例の条件緩和

・再開発地区計画で，建築計画が定まらない段階で実現可能な容積率を明示する運用

・都心区の住宅付置要綱の緩和・撤廃

3　関連公共施設の整備等

・民間開発にあわせた道路の早期整備，整備時期の明確化

・駅前広場等の公共施設計画の早期確定

・広域的な交通基盤の整備

・歩行者デッキ，自由通路整備に対する補助金交付

・地方自治体の財政事情による補助金交付の見送りへの対策

・市街地再開発事業の転出者などへの税制優遇措置の拡充

・市街地再開発事業にかかわる保留床所得への支援

・事業の立ち上がり時期への融資などの支援

最後の項目は、再開発ビルにデパートやスパーマーケットが入る場合には、大店法による地元調整の後でビル建設の都市計画手続が始まるが、それを併行処理せよ、という要望である。

第二の分類の「地域特性に応じた民間の創意工夫を生かせる対応など」については、事務局の説明が明快だ。事務局の説明によると、ここに集められた各項目は「地域の状況にあわない規制を見直す」あるいは「設計計画の自由度を確保するとともに、段階的開発など民間の創意工夫が活かせる規制内容」とする要望だという。

一般の市民には、ここに分類されている要望の影響がいちばん大きいだろう。

二つ目の項目は、事業者の開発計画にあわせて用途地域を早期に変更せよという要望と、港湾法で臨海地区、つまり港湾の陸地部分に指定されたところでは建築が規制されているが、その規制を簡単に取っ払えるようにして、港湾地域でもオフィス・ビルやマンション建設をできるようにしてくれという要望である。

つぎの「容積率の特例措置の緩和」とは、指定容積率を使っていない建築物の上空権を買い取って計画中の他のビルに移転できる制度があるが、もっと簡単に利用できるようにすべきであるというのだ。

四番目の日影規制については、事務局の説明では「都心部等における緩和」となっている。都心部に住む人々は日照がなくても我慢すべきだというのである。

最後の項目は、とくに都心部の千代田区、港区、中央区などは、個人住宅や個人商店が高層オフィス・ビルの建設で追い出され、人口が急減した。その対策として、大規模再開発の場合、その一部に住居部分を併設するよう義務付ける要綱を持っている。そうした要綱を緩和するか、撤廃せよという要望である。

都市再生本部は、公共事業をともなう民間の都市再開発をとくに募集していたから、事業や業界団体からは、都市内部における公共事業の要望が遠慮なく続出した。それが第三にあたる分類だ。これについても、事務局の説明がある。「民間都市開発の成立に必要な基盤整備の迅速化、整備時期の明確化」「市街地再開発事業等の重点的実施」。

都市再生本部はその場で、これらの要望のほとんどすべてを「都市再生のために緊急に取り組むべき制度改革の方向」として取り入れ、「民間の力が最大限に発揮できるよう、緊急の制度改革に取り組む」ことを決定する。諸要望を実現するための立法措置に直ちに取り組むことを宣言したわけだ。

特別立法措置

都市再生本部の法制化の動きは速かった。

全文で五二条の「都市再生特別措置法案」は、それからわずか二ヶ月後の二〇〇二年二月八日に閣議決定され、国会に提出された。

これほど重大な法案の衆議院国土交通委員会における審議はたったの二日間、参議院でも国土交通委員会の審議は同じく二日間にすぎなかった。衆議院本会議で三月二二日に、参議員本会議では三月二九日に、いずれも賛成多数で可決成立というスピード審議だった。

賛成したのは自民党、公明党、保守党(当時)の与党と野党第一党の民主党・無所属クラブである。四月五日に公布され、六月一日に発効している。

同法を要約すると、「都市再生緊急整備地域」で大規模開発をする民間事業者に対して、都市計画法や建築基準法にもとづく規制はすべて適用除外にし、金融支援も行なうというもので、大規模開発ができる一握りの大手事業者に対する法外な優遇措置となっている。

同法の要点はこうだ。
・閣議決定で発足した都市再生本部を法的に認定する
・同本部は、「都市再生緊急整備地域」を政令で指定する
・民間事業者は、地権者の三分の二以上による賛成があれば、公共事業をともなう再開発事業などを「民間都市再生事業」として提案でき、それを国土交通大臣が認定するという制度を創設する
・「都市再生緊急整備地域」の中で実際に再開発提案が行なわれた地区を都道府県が「都市

再生特別地区」として定め、ここで用途地域、容積率、斜線制限、高度制限、日影制限など都市計画法や関連法規で定められた規制を適用除外にする

・認定事業に対しては、無利子融資、社債の保証など金融支援を行なう

・都市計画、事業の認可手続などの大幅な短縮を図る

先にみた民間事業者からの「要望リスト」の主要部分は見事に法律になり、事業者にとってこうした超優遇策は法律で保障された「権利」となった。

民間事業者が提案できる公共事業は、「都市再生特別措置法施行令」で列挙された。これも先の「要望リスト」がそっくり法定化され、道路、都市高速鉄道から上下水道や防潮堤まで含まれている。民間業者はついに、公共事業を提案し、実施する「御上」になったのである。民営化路線が都市再生本部のもとで、行き着くつくところまで来たといえるだろう。

この特別措置法と前後して、同法を実施するために「都市計画法一部改正法案」「建築基準法一部改正法案」「都市再開発法一部改正法案」などの関連法案が、ろくな審議もなく続々と衆参両院を通過した。

しかも、関連法の改正による規制緩和は、商業地域の容積率のアップなど「都市再生緊急整備地域」だけではなく、読者の近隣地域でも適用できるもので、都市再生の掛け声に便乗したものだといえよう。

こうした一連の法案が私たち市民にどんな深刻な影響をもたらすか、のちに詳しく検討する。ここでは特別措置法の発効を受けて都市再生本部がどう動いたかを追ってみよう。

中心部を網羅

都市再生本部は二〇〇二年七月二日の第七会会合で第一次の「都市再生緊急整備地域」を指定した。東京都、横浜市、名古屋市、大阪府・大阪市における一七地域で、面積を合計すると三五一五ヘクタールにのぼった。この面積は三五・一五平方キロであるが、東京都心三区の面積を合計しても四二・〇八平方キロにしかならないから、いかに広大な面積かわかるだろう。

欧米では超高層ビルの建設は一つひとつの適否を審査するのが原則である。広大な面積を指定して、そこでどんな巨大な建築を計画してもいい、という都市再生本部のやり方は都市計画の世界的な常識に比べると暴挙といっていい。

事実、七地域で合計二三七〇ヘクタールも指定された東京都内でみても、東京駅・有楽町駅周辺、環状二号線新橋周辺・赤坂・六本木地域、秋葉原・神田地域、東京臨海地域、新宿駅周辺、環状四号線新宿富久沿道地域、大崎駅周辺地域という具合である(図2-1参照)。大規模再開発が計画、あるいは予定されている地域はほとんど入っている。

八地域で合計九四七ヘクタールが指定された大阪府・大阪市ではどうか。八地域は大阪駅周辺・中之島・御堂筋周辺、難波・湊町、阿倍野、大阪コスモスクエア駅周辺、堺鳳駅南、堺臨海、守口大日、寝屋川市駅東とならんでいる。

この日に指定されたのはほかに、横浜市のみなとみらい地域（一四一ヘクタール）と名古屋駅東地域（五七ヘクタール）である。

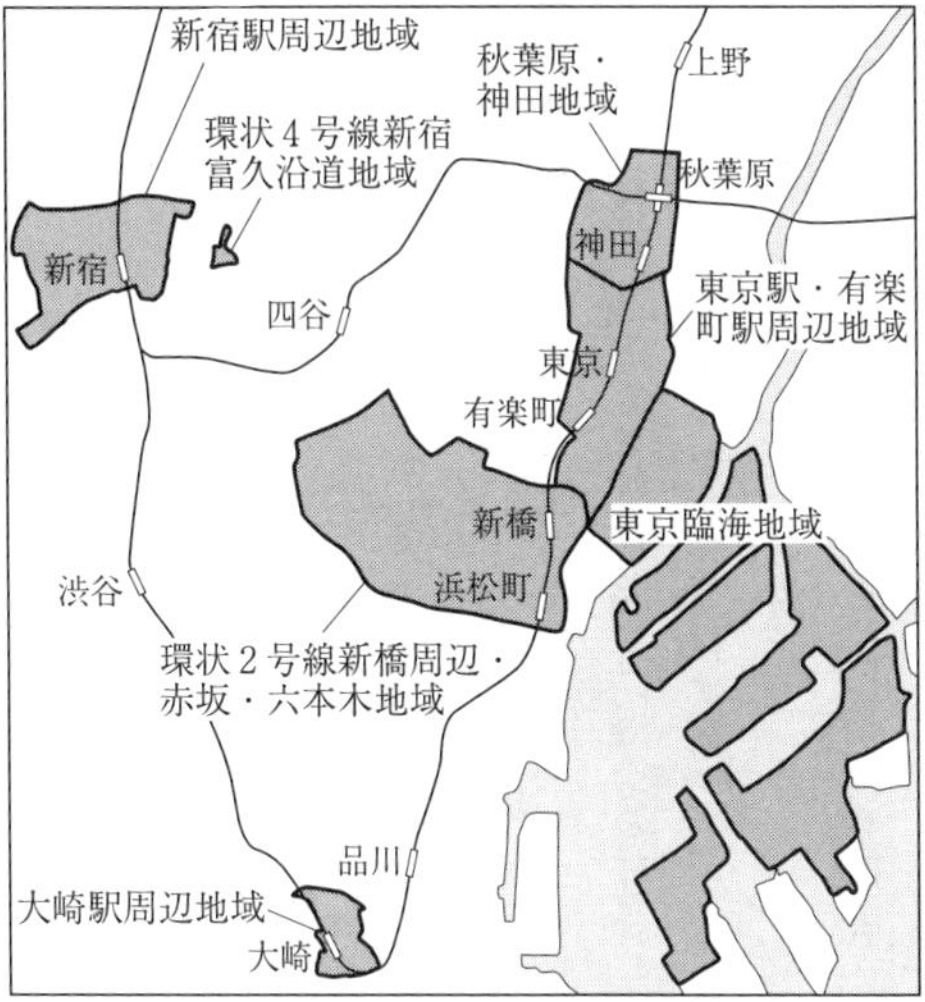

図2-1　東京都の都市再生緊急整備地域

二〇〇二年一〇月四日にいつもの首相官邸大会議室で開かれた本部の第八回会合で、政令指定都市を主な対象として第二次指定が決定された。

今回は二八地域で面積の合計は二二四六ヘクタールであった。今回も土地鑑のある人々は、めぼしい再開発地域が網羅されていることに気がつくはずである。

例えば、札幌では札幌駅・大通駅周辺と札幌北四条東六丁目周辺の二地域である。南に下って横浜市をみれば横浜山内埠頭、横浜駅周辺、戸塚駅周辺、横浜上大岡西の各地域が指定されている。また第一次指定に入った名古屋駅東地域に加えて、今回は名古屋千種・舞鶴、名古屋駅周辺・伏見・栄地域そして名古屋臨海高速鉄道駅周辺地域が指定されている。

事実、民間から提出された二〇五件の大都市における大規模開発・再開発案件の場所は、二回にわたる「都市再生緊急整備地域」の指定にすべて含まれている。

そして、第二次指定にくわえて、さらに「京浜臨海都市再生予定地域」を設定している。かつて製鉄、化学工場が立ち並び日本の産業発展の象徴だったこの地域も、衰退する重厚長大産業の象徴として広大な空き地が目立っている。

この地域に臨海部幹線道路や防潮堤を建設し、鉄道まで敷設して、巨大な再開発事業に発展させるというもくろみが背景にある。「都市再生緊急整備地域」の予備軍あるいは候補という位置づけである。

次章では、極限に達した都市開発・再開発の規制緩和の跡をたどるとともに、都市再生本部の決定がもたらす弊害を詳細に検討することにしよう。

第三章　規制緩和の嵐

青天井

前章で小泉純一郎首相の率いる都市再生本部の動きや、その膨大な決定を追ってきた。そこで浮き彫りになったのは、まず、同本部の呼びかけに応じて寄せられた事業者の要望がつぎつぎに聞き届けられ、法律になり、金融支援も約束されるという政官財の癒着であった。日本の権力中枢の癒着構造は欧米のジャーナリズムでも「鉄の三角形」という言葉で定着しているが、いわば衆人環視のなかでこれほど露骨な癒着ぶりが傍若無人に展開されたのはめずらしい。

その結果が、都市計画や関係法規の規制をすべて適用除外にするという「都市再生緊急整備地域」の誕生である。そのなかのどこでも申請があれば、青天井の建築が広い範囲にわたって許される「建築無制限時代」が到来したのである。

欧米でも個々の敷地で、個別の建築物に関して、規制を取り払うことはある。二〇〇一年九月一一日のテロ攻撃で崩壊したニューヨークの世界貿易センタービル跡地の利用がその一例である。パリ市内の卸売市場跡地にできた美術館「ポンピドー・センター」の例もある。しかし、いずれもまったくの例外であり、国内はおろか国際的な論議の的になった。

日本のように、ほとんどすべてを対象にした「都市再生緊急整備地域」のような広範な青天井地域の設定は、欧米に例をみない。

都市計画の目的を一口でいえば、国土の利用にあたって街並み、景観、周辺の住環境などを確保するためにさまざまな規制をかけ、美しく、だれにも住みよい街をつくることにある。

欧米を旅行すれば、都市ではビジネス・センターは一定の場所に集約され、住居地域は面的にも隔離されて、住環境が保護されていることがわかる。またビジネス・センターの各建物も原則的に高さやボリュームが規制され、住居地域はさらに厳しい高さ制限などの規制がかかり、それぞれが整然とした街並みを形成している。

戦前から戦後へ

しかし、青天井もこれまでの都市政策に関わる規制緩和の加速を考えれば、やはり行き着くところまで来たともいえる。

この章では、今日の事態を招いた都市に関わる嵐のような規制緩和の跡をたどってみることにしよう。筆者たちの最初の岩波新書『都市計画　利権の構図を超えて』で、都市計画の変遷を戦後の政治・社会・経済の変動という大きな枠組のなかで論じた。

したがって、本書では大枠は前著にゆだね、都市計画の変遷を、都市に関わる法律の相つぐ書き替えという視点から考えてみたい。その際、都市計画関連法改正の経過を示した表3－1を手がかりに、規制緩和の歴史をみていくことにする。読者には必要に応じて表を参照してほしい。

都市計画に関する法律として「都市三法」という言葉がある。都市計画法、建築基準法それに都市再開発法である。これら三法は日本のあり方から、読者の住む街のあり方、それに住居のあり方まで大きな影響を与えている。

まず都市三法のうちもっとも基本的な都市計画法からみていきたい。その後で、都市再開発法と建築基準法の変化を検討しよう。

いま私たちが手にしている都市計画法の始祖は、一八八八年(明治二一年)の東京市区改正条例である。しかし、現行法の直接の母体となったのは、一九一九年(大正八年)に市街地建築物法とともに公布された都市計画法だった。

この旧都市計画法の最大の特徴は、同法を適用する市町村の指定、都市計画区域の決定、都市計画の決定、そして都市計画事業の決定を国がすべて行なうということである。

戦後の日本は、戦後復興とそれに続く高度成長時代に急激な都市化を経験した。とくに東京への一極集中はすさまじく、これを受けて一九六八年に都市計画法が全面的に改正され新法となった。

これにもとづいて「近代都市」が形成されていく。これと前後して建築基準法が全面改訂され、また新たに都市再開発法が制定された。

都市三法の歴史は、時にはブレーキがかかるときもあったが、規制緩和の歴史だった。

容積率という魔物

都市計画法の特徴を一言でいえば、従来の住居地域二〇メートル、その他の地域三一メートルという高さ規制にかえて、「容積制」を導入したことである。そこで容積率を検討しよう。

容積率は建ぺい率とセットとなっていて(表3-2)のようになっていた。なお、容積率は、建築物の延べ床面積(総床面積)の敷地面積に対する割合である。また建ぺい率は、建築面積(建坪)の敷地面積に対する割合である。

日本の制度の特徴をよりよく理解するために、ドイツの制度(表3-3)と比較してみよう。

まずドイツの場合をパーセントに換算してみる。住居系では建ぺい率が二〇%から四〇%、容積率は三〇%から一二〇%までである。また商業系(中心地区を含む)でも建ぺい率は八〇%から一〇〇%、容積率は一〇〇%から二四〇%である。

これと日本の制度を比べてみると、第一種住居専用地域(当時)をのぞいて、日本の容積率はドイツに比べて四倍から五倍もあった。初めから日本の容積率は大甘で、大きな建物が建つよ

	地区計画制度拡充(容積率移転制度，誘導容積制度等)		
1993			行政手続法制定 環境基本法制定
1994		**住宅の地階に係る容積率制限緩和**	
1995	**街並み誘導型地区計画制度**	**前面道路幅員による容積率制限の合理化**	地方分権推進法制定
1997	**高層住居誘導地区の創設**	**共同住宅の容積率制限の合理化(共用部分の容積未算入)** **敷地規模別総合設計制度創設**	環境影響評価法制定
1998	特別用途地区の権限委譲 市街化調整区域に地区計画制度の適用	**連担建築物設計制度** **許可による接道義務の適用除外制度** **民間建築主事制度の導入**	大店法制定 中心市街地活性化法制定
	都市計画決定権限の委譲	**地下居室の採光規定の緩和，建築物の性能規定の緩和**	国土利用計画法改正(事前届出から事後届出)
1999			地方分権一括法制定
2000	都市計画区域マスタープラン制度 **準都市計画区域，特定用途制限地域，特例容積率適用区域制度，都市計画決定手続の改善充実等**		
2002	まちづくりNPO等による都市計画提案	用途地域における容積率メニューの追加 **斜線制限の緩和等**	**都市再生特別措置法制定**

(注)　太字は都市計画の規制緩和を進める法制度

表 3-1　都市計画関連法改正の経過

	都市計画法	建築基準法(集団規定等)等	関連法
1919	旧都市計画法制定		
1947			地方自治法制定
1950		建築基準法制定	
1968	新都市計画法制定		
1969			都市再開発法制定
1970		用途地域の細分化 容積率制限の全面適用 建ぺい率制限の合理化 高さ制限の基準の整備	
1974	開発許可制度の未線引き都市計画区域への拡大		
1976		用途地域規制の強化 容積率・建ぺい率制限の強化 日影規制制度 総合設計制度	
1980	地区計画制度の創設		
1987		形態規制等の合理化	
1989		道路内建築制限の合理化	
1990	**住宅地高度利用地区計画** **用途別容積型地区計画** **遊休土地転換利用促進地区**		
1991			行政事務整理合理化法制定
1992	市町村マスタープラン創設 用途地域細分化 特別用途地区追加	未線引白地地域等の容積率建ぺい率メニュー追加 都市計画区域外の建築条例 建築物の定義の拡大	

表 3-2　日本で最初の容積率表

用途地域	建ぺい率(%)	容積率(%)
第1種住居専用地域	30〜60	50〜200
第2種住居専用地域	30〜60	100〜300
住居地域	60	200〜400
近隣商業地域	80	200〜400
商業地域	80	400〜1000
準工業地域	60	200〜400
工業地域	60	200〜400
工業専用地域	30〜60	200〜400

表 3-3　西ドイツ(当時)の建築利用基準

建築地区	制限階数	建ぺい率(%)	容積率(%)	建築体積率(%)
菜園住宅地区内	1	20	30	—
	2	20	40	—
住居専用地区内	1	40	50	—
一般住居地区内	2	40	80	—
混合地区内	3	40	100	—
	4及び5	40	110	—
	6以上	40	120	—
村落地区内	1	40	50	—
	2以上	40	80	—
中心地区内	1	100	100	—
	2	100	160	—
	3	100	200	—
	4	100	220	—
	4及び5	100	240	—
	6以上			
商工業地区内	1	80	100	—
	2	80	160	—
	3	80	200	—
	4及び5	80	220	—
	6以上	80	240	—
工業地区内	—	80		900
週末住居地域内	1	20		—

(注)　許容建築利用基準は，建築利用基準の上限

うになっていたことがわかる。

しかも、実際の適用は自治体の選択にまかされているドイツなどに対して、日本では用途別に定められた建ぺい率と容積率の組み合わせは全国一律になっていて、自治体はこれ以外の選

択は許されていなかった。

もう一つ決定的に重大だったのは、ドイツでは階数による高さ制限があったのに、日本では第一種と第二種の住居専用地域をのぞいて絶対的な高さ制限が外されたということである。ちなみに、第一種が一〇メートル、第二種は一二メートルである。

その結果は初めから目に見えていた。

第一に、建築の基礎的な枠組に選択の幅が少ないため、全国の町が画一的になることである。

第二に、容積率は初めから異常に高いので、高層の大きな建物が建つ。

第三に、日影規制などがつくられたが、絶対的な高度規制が欠けているため、敷地の大小によって建築物が大小、高低ばらばらで全国の都市で街並みが美しさに欠けるようになると予想された。

さらに悪いことがあった。日本では用途と容積率がちぐはぐなことである。

例えば、京都の上京、中京、下京は平屋や二階建ての住居、西陣織り町工場、そして商店が混在していた。京都の心臓部の容積率はせいぜい一〇〇%を多少上回る程度だった。

ところが、商店や町工場があるというので、京都市は碁盤の目に張りめぐらされた街路沿いを機械的に商業地域に指定し、容積率は一気に四〇〇%になった。

地場産業の衰退や郊外への移転もあって、京都は業者の地上げの餌食になり、高いマンションが建てられたのである。こうして美しい町屋の京都は永久に失われた。

京都に限らない。これは全国で起きた悲劇だった。住み暮らしている街で、あるいは故郷で、二階建ての商店街が、近隣商業地域や商業地域に指定されたばかりに、なじみの店が地上げで追い出され、巨大なマンションに化けるのをみてきた経験はだれにもあるだろう。

都市再開発法の登場

つぎに都市再開発法をみてみよう。良くも悪くも読者におなじみの駅前開発がこの法律の適用される典型だ。

都市計画法と建築基準法は戦前にルーツがある。ところが、一九六九年に策定された都市再開発法はまったくの新法であった。

背景には都市への人口集中があった。都市再開発法案の説明にあたった政府側の説明を要約してみよう。

・平面的な低層木造住宅とそれを前提とした道路などの公共施設では、急増する都市人口に対応できない。そのため、国や自治体が関与して都市の土地利用を計画し、平面的な過密から都市の立体化を誘導しなければならない。

・立体化によって都市にスペースをつくれば、道路など公共施設を建設できる。

・木造密集住宅街を不燃化し、立体化すれば、より良質な住宅をより多く供給できる。
・官庁や商業・業務(ビジネス)、学校などそれぞれを核にして混乱する都市を再編成しなければならない。

駅前や周辺の商店街などでは、小さな区画に建物が密集して建っていることが多い。これを高層化によって解決しようとしたのが都市再開発法の狙いだった。

高度利用

では当初の都市再開発法の中身をみてみよう。
・まず都市計画でとくに高度利用を図る地域として「高度利用地区」制度を新設した。同地区では、容積率の最高限度および最低限度、建ぺい率の最高限度などを定めることになった。
・施工主体は、市街地再開発組合(施行区域内の宅地の所有者と借地権者の三分の二以上の同意によって設立)、都道府県や市町村などの地方公共団体、日本住宅公団(現都市基盤整備公団)である。
・権利変換制度の導入。簡単にいうと、再開発でできあがる建築物の床が二種類になる。まず、再開発前の住民や商店主、借地権者などが入居する「権利床」である。住民の住宅や敷地はすべて金銭に換算され、それを権利変換し、権利床にする。残りが再開発の建設費などの事業費を確保するための「保留床」である。保留床を売って事業費をまかなう。

・再開発ビルに入居しない人々は「転出の申出」により、再開発前の敷地・建物の資産額に相当する補償金をもらう。

・再開発後の建築物や敷地の確定額と開発前の住民の資産額とに差額が出た場合には、マイナスなら精算金が徴収され、プラスなら交付される。

これは多くの市民にとって苛酷な制度だ。零細業者にとって再開発ビルでもらえる権利床は再開発前の自前の店より狭いうえに、ビルのどこになるかわからない。高額の内装費や維持管理費も自分でもつし、共同販促費など新たな費用もかかる。

借地権で営業していた零細業者には家賃が高すぎるし、別に住居を探さなければならない。だから三割から六割も転出者がでて、人生を途中からやり直すことになる。

駅前開発

都市再開発法が施行されるのと時を同じくして基本計画の策定が始まり、同法の適用第一号となったのが、デパートの「そごう」をキーテナントとした千葉県柏市の国鉄常磐線柏駅東口における再開発だった。施工者は柏市だった。

その後はごく近年までずっとこのパターンが繰り返されてきた。もっとも、国土交通省はその刊行物ではひた隠しにしているが、各地で再開発事業が難航し、破綻もしている。このことは第五章で検証する。

ところで、なぜ駅前開発だったのか。理由は簡単で、確実に採算が取れる、いや大きな儲けが期待できる場所は駅とその周辺であったからだ。後にみるように莫大な補助金がでるとはいえ、建築物の工事費などは保留床の売却で稼ぎ出さなければならない。ゼネコンや不動産会社が仕切るから、なおさら儲け優先になる。

もちろん、ほとんどの場合、駅前ならもともと用途地域が商業地域になっていて、はじめから大きな容積率が設定されており、それに「高度利用地区」制によるボーナスがつくのだから、まさに再開発適地なのであった。

駅前再開発のラッシュに当時の建設省も困惑した。儲けのあるところばかりでなく、木造密集地域など防災の点からしてもっとも必要な地域に再開発を誘導する必要がいわれた。

その結果、六年後の一九七五年に、改定が行なわれた。三つの重要な点だけを挙げよう。

・参加組合員制度を創設した。
・市街地再開発を計画的に推進するため、市街地再開発促進区域制度を創設した。
・防災や住宅再開発を早期に事業化するため、主として自治体が買収方式で事業を行なう第二種市街地再開発事業と個人施工者制度を創設した。

最初の参加組合員制度は、ゼネコン、不動産会社あるいは再開発ビルに入居予定のデパート、スーパー、ホテルなどが再開発組合の組合員になれるというものだ。カネ、ノウハウのある外部資本の主導する道を開いたもので、事業のスピードアップには大いに役立ったが、必要な地域での再開発にはつながらなかった。

二つ目の制度は文字通り、再開発を先取りしようというものである。

そして三つ目の第二種事業とは、市街地での公共住宅、道路、公園などの建設事業のことで、この導入は、用地の買収という手段により自治体が再開発にさらに本格的に乗り出すきっかけにしようというものであった。しかし、その自治体がやったことはやはり駅前かせいぜい駅近辺開発が主で、こちらも建設省が狙ったとされる効果はあまりなかった。

必要な場所

業を煮やした建設省は、一九八〇年に都市再開発法の「第二次大改正」を行なった。その主要点はつぎの通りである。

・木造住宅密集地など「必要な場所」にも再開発が及ぶように、自治体に長期的で総合的なマスタープランである都市再開発方針の策定を義務づけた。

・日本の市街地における最大の課題である木造住宅密集地の防災や居住環境を向上させるため、民間まかせでなく公共機関の関与を広げるため、施工者に首都高速道路公団、阪神高速道路公団、地方住宅供給公社を加えた。

・特定施設建築物制度を創設した。

二番目の公的関与の拡大は、とくに地方住宅供給公社の役割の増大が期待され、木造住宅密集地対策では一定の前進もみられたが、独立採算制を基本としていてその役割は極めて限定的だった。やはり、木造住宅密集地問題の解決には、直接的な税金の投入が欠かせないだろう。

三番目の特定施設建築物制度は、公的関与とまったく逆で、民間事業者、とくにゼネコンに参加の機会を拡大するものだった。市街地再開発事業での建築物を施工者以外の第三者(特定建設者)が建設できるようにする制度である。

これは、東京都が施行している亀戸・大島・小松川地区(江東区・江戸川区)などのような比較的大規模な再開発で実際に導入されている。

では「必要な場所」の再開発はどうなったのだろうか。自治体が手をこまねいているうちに、都市再開発法が誕生した一九六九年に、当時では日本でも最大規模の木造住宅・商店密集地の再開発をめざす建物や土地の買収がおおっぴらに始まっていた。東京都港区の谷町と呼ばれた地区である。

主役は、いまや新橋から赤坂、六本木を中心に五〇棟近いビルを持っている森ビルだった。対象地はいまの港区六本木一丁目だった。

当時の住民は一五〇〇人で、開発反対派と推進派は鋭く対立し、港区議会には両派からの陳情が殺到した。その間も、森ビルはいまも不動産業界で語り草になっている猛烈な買収工作を進め、一〇年後には対象地域の土地の六五%を手中に収めていた。

森ビルと地域内地主を中心に五七人の組合員で六本木地区再開発組合が発足したのは一九八二年である。一九八七年に超高層ビルを中心としたオフィス・商業ビル四棟と高層マンション五棟からなるアークヒルズが、クラッシクの殿堂であるサントリーホールとともにオープンした。一五〇〇人いた住民のうちアークヒルズに入居できたのは四七人だった。

大規模な「必要な場所」の再開発を自治体の住宅公社などがやるには、ノウハウも、人手も、資金もまったく足りないのは明らかだ。法律の字づらをかえただけでは、老朽化した住宅・商店地域の再開発は、ほとんど不可能である。

だからといって、民間がよいか、といえば、そこにも大きな問題がある。民間再開発の行き着く先はこの森ビルだけでなく、本書全体で紹介されている。

これまで都市再開発法の変遷と限界をみてきた。国土交通省の統計によれば、同法を利用した都市再開発は二〇〇二年三月末で事業完了が五三三件、進行中が二二七件であった。

読者は、全国でたった二二七件、と首を傾げるかもしれない。高層業務・商業ビルやマンションの建築工事が全国で進んでいるから当然の疑問である。

答えは、大部分の都市再開発は、都市再開発法によるのではなく、建築基準法によるものだからである。小泉内閣のいう「都市再生」つまり都市の再開発を、建築物を建て替えることによって都市を更新していく、というもっとも広い意味でとらえると、建築基準法による再開発が圧倒的に多い。都市再開発法による再開発は全体の数パーセントにすぎない。

建築基準法の再開発には大きく分けて二つの方法がある。

一つ目は、建築基準法の「単体規定」、つまり一敷地に一棟の建築を行なうというものだ。

二つ目は複数の敷地に、一棟あるいは複数の建物を建てるというものである。

建築基準法の原理はいまでも、一つの敷地には一つの建築物というのが基本であり、ここでは容積率の緩和が目指される。ところが、一つの敷地に複数の建築物を建てられる制度がつぎつぎに導入されてきたのである。あちこちで目にする大規模な再開発は、この規制緩和制度を利用したものが多い。

例えば、総合設計制度、特定街区制度、一団地認定制度、高層住居誘導地区制度、連担建築物設計制度、市街地住宅総合設計制度、住宅地高度利用地区計画制度、特別用途地区制度、街並み誘導型地区計画、用途適正配分制度、用途別容積型地区計画……

数え上げたら切りがない。筆者たちは、これをメニューの追加といっているが、追加されるたびに、規制が緩和され、私たちの隣りの敷地に巨大なビル群が建つようになってきた。

例えば、すぐ取り上げるが、そもそも地区計画というのは、日本の建築法規のなかでは建築協定制度と並んで強い規制をかけることができる制度のはずであった。つまり規制緩和の逆をいく数少ない制度のなかでも輝く星なのである。ところが、さまざまな形容詞をつけて、その地区制度もつぎつぎに規制緩和の母体になってきたのである。

凪ぎの時

規制緩和の嵐のなかで、日本の都市法体系にも束の間の凪ぎの時があった。

一九七六年の用途地域規制の強化、容積率・建ぺい率制限の強化、日影規制制度の創設、そして一九八〇年の地区計画制度の創設である。凪ぎは日照権に象徴されよう。

これらが規制強化の方向で成立すると効果は抜群である。そのひとつ地区計画についてみてみよう。前著『都市計画』でふれているが、筆者の一人小川が住んでいる東京都目黒区八雲を南北に走る「自由通り」は現在、目黒通りから駒沢通りの間の約二・五キロで、その両側でそれぞれ幅二〇メートルにわたって高さ一二メートルの高度制限がかかっている。

デベロッパーやゼネコンがどんなにがんばっても四階以上の建築物を建てることはできない。この地区計画が、一九九三年に都市計画決定される以前に建てられたいくつかのマンションをのぞき、自由通りは東京でもめずらしく、新築マンションでも四階建てであり、多くを占める戸建て住宅は地上げにもあわずそのまま美しい街並みを保っている。

地区計画の指定運動は、この後すぐ取り上げる中曽根康弘首相による「都市の容積率緩和」の号令のもとに行なわれた全国一斉の容積率見直しのなかで、目黒区が「自由通り」沿道の両側から二〇メートルを当時の第一種住居専用地域から第二種住居専用地域に変更したことに始まる。どこでもあることだが、ここでもほとんどの住民にはまったくの寝耳に水だった。

住民の一人が調べてみると、地上げでいくつもの商店が消え、数ヶ所が高い建物になろうとしていることに改めて気がついた。

「たいへんだ。七、八階のマンションが建つよ」

住民の有志はたった一月足らずのうちに関係住民の九〇%を超す用途地域変更反対の署名を集め、東京都に駆けこんだ。今では週刊誌から「悪徳不動産業者」のレッテルを張られている現在の都庁と違って、当時の都庁には住民の主張を聴く余裕があった。都市計画局の担当者が乗りだし、「地区計画」で変更以前の状態に戻す提案を行なった。二年近い住民の粘り強い努力が実って地区計画ができ、今日の自由通りがあるのである。

高度成長の挫折

「凪ぎの時」には時代的な背景がある。高度成長時代とは、市民からみれば、自動車の事故、渋滞と排気ガス公害、地価の高騰、巨大建築による建築公害や建築紛争が激化し、日常生活が危機にさらされた時代でもあった。

都市住民がそうした事態に異議を申し立て、一九六〇年代後半から一九七〇年代にかけて、東京、神奈川、大阪、京都など大都市を中心にいわゆる「革新自治体」が誕生した。一時は日本の人口の半分近くがそこで住み暮らしていたのである。

都市論的にいえば、革新自治体は規制緩和による高層建築の乱立に対して、抵抗し対抗する政策をとったことを指摘したい。

これらの多くの自治体では建築にブレーキをかけるべく、「宅地開発指導要綱」や「町づくり条例」を定めるようになった。

裁判所もこうした改革を認めた。一九七四年一二月に建築紛争に絡んで東京地方裁判所が下した判決の一節をみよう。

「日照権紛争の解決を困難にしている要因としては、被害者の権利意識の高揚もさることながら、都市計画法上の容積率の指定が高いものであるうえ、建築主が合法の名のもとに限度一杯の有効利用を行なおうとすることがあげられ、一方、住環境維持のために不可欠な日照、採光、通風などを確保するためには、容積率の低率化が要望されていることは、顕著な事実である」

地区計画制度の誕生のもとになった建設相の諮問機関「都市計画中央審議会」が一九七九年に出した「長期的視点に立った都市整備の基本方針」をみよう。

「建築基準法による個別敷地に着目した規制によっては、無秩序な開発を計画的にコントロールできない面があること等から、現行法体系によっては、現状の下で抱えている問題に対応できなくなっている」

時代は変わる兆しをみせていた。野放図な高度経済成長政策の弊害がだれの目にも明らかになっていたちょうどそのときに、一九七三年のオイル・ショックが起きた。日本も低成長時代に入り、内省とつぎの時代への模索がはじまった。

日本のあらゆる計画の上位に位置するものに、国土総合開発法にもとづく全国総合開発計画(全総)がある。これは時代ごとの日本の開発政策の方向を決めるものだ。

第一次全総は一九六二年一〇月に閣議決定され、池田勇人首相の「所得倍増論」が下敷になっていた。高度成長への離陸を告げていた。第二次全総は一九六九年五月に佐藤栄作首相のもとで閣議決定されているが、内容的には後を襲う自民党の実力者だった田中角栄氏の「日本列島改造論」を色濃く反映していた。日本は挙げて大都市でも地方でも開発万能の高度成長へと猛進していた。これが先にみたように都市三法制定の背景である。

ところが、低成長と「内省の時代」に生まれた三全総は、それまでの二つの全総と一八〇度変わった内容になった。福田赳夫首相時代の一九七七年一一月に閣議決定されているが、翌年首相に就任する大平正芳自民党幹事長の「田園都市構想」を下敷にしていた。三全総はいう。

「限られた国土資源を前提として、地域特性をいかしつつ、歴史的、伝統的文化に根ざし、人間と自然との調和のとれた安定感のある健康で文化的な人間居住の総合的環境を計画的に整備する」

三全総のいう「定住圏構想」は、大平の「田園都市構想」の言い替えだった。実際に、地方から大都会へという高度成長時代の流れが、生活がしにくい大都会から故郷へと逆転する現象が起きていた。そうしたなかで地区計画制度は生まれ、都市住民がつくりだした日照権が日影規制基準として制度化されたのである。

日照権には、単に日照を守るというだけでなく、高層建築からの圧迫感やプライバシーの侵害を防ぐことも含まれていた。そうした住民の権利や人権を守るためには、住民の同意がなければ建築できないというルールをつくるべしという意味を含んでいた。欧米的な「建築不自由の原則」あるいは「計画なければ開発なし」の原則が日本でも芽を出し始めていた。

アーバン・ルネッサンス

しかし、その芽はあっさり摘まれてしまう。三全総が実施されようとしていた一九八〇年六月に大平首相が急逝するとともに、「凪ぎの時」は短時日で終わりを告げた。

日本は二つの危機に直面し、内省どころではなくなったのである。

ひとつの危機は内なるものだった。田中内閣の超高度成長政策を支えるインフレ財政で一九七五年度から赤字財政に転落した。オイル・ショックの影響で不況が長引いたため、一九七〇年代後半には不況対策で予算や補正予算を急拡大し、国債依存度は急激に高まり、一九八〇年の春には国債が暴落した。

もうひとつの危機は外からやってきた。長期不況が深まるなかで日本の産業は劇的に変化し、鉄や化学工業の重厚長大型産業にかわって自動車や電機・電子産業がリードする構図になり、こうした産業による欧米市場への洪水輸出が国際問題に発展していた。欧米から、日本の輸出抑制と内需拡大を要求する声が高まった。

大平氏の跡を引き継いだ鈴木善幸首相率いる内閣は、財政再建と内需拡大という大きな課題を背負って出発したが、指導力を発揮できないまま、同内閣の中曽根康弘・行政管理庁長官が、一九八二年一一月に首相に就任した。

中曽根内閣は、「増税なき財政再建」を掲げ、「行政改革」を至上命題とし、「民間活力の活用」による都市再開発が主要政策の一つとして急浮上した。

具体的には一九八三年四月の経済対策閣僚会議で「今後の経済対策について――規制緩和策による民間投資の推進策」を決定し、「民間活力の活用による都市再開発」を経済対策の柱として打ち出したのである。

なぜ、民活か。田中角栄氏の都市政策は都市に対する公共投資を先導役にしたのに対し、財政危機下の中曽根内閣は都市に税金をつぎ込む余裕がなくなったからだ。

なぜ都市再開発か。一九七〇年代の、とくに福田赳夫内閣のばらまき型の公共事業による景気対策の効果が疑問視されるなかで、都市の再開発事業は、建築、不動産だけでなく、鉄鋼、セメント、電機、あるいは自動車産業まで含む複合産業であるという点が注目されたのである。

中曽根内閣による都市政策の知恵袋だった経団連が歓迎した。経済界から「賛同メーセージ」がぞくぞくと寄せられた。経済同友会は「民間活力による都市開発の効果的促進」、建設業界が「民間活力の活用方策」、不動産協会が「公共的な分野への民間活力導入方策」をそれぞれ発表している。

経済界の都市再開発・公共事業部門の強力な別働部隊として日本プロジェクト産業協議会

（ＪＡＰＩＣ）が社団法人として正式に発足したのもこの時期だった。

都市の投売り

「都市再開発」の大合唱のなか、自らの政策を「アーバン・ルネッサンス」と名づけた中曽根首相のもとで、内閣、自民党、各省庁のなかに民活プロジェクト・チームが続々と誕生し、多くの都市再開発政策が打ち出された。

内閣や省庁から一九八三年中に発表された対策を二、三ひろってみよう。

内閣からは「国鉄用地活用プロジェクトについて」という発表があった。都内の汐留、神田、新宿、錦糸町にある国鉄の操車場、車庫などの跡地は不動産業界にとって垂涎の巨大不動産物件だったが、それを市場に出すというのである。

また大蔵省は東京の品川駅東口の国鉄用地、千代田区紀尾井町の旧司法研修所跡地、港区の林野庁職員宿舎跡地、新宿区の西戸山公務員住宅跡地など全国で一六三件、六三ヘクタールを売却する方針を明らかにした。

第一章でその一部をみた業務・商業ビルや高層マンションが林立する再開発は、この時の政策の帰結である。

しかし、中曽根内閣の公有地売却はすでに始まっていた地価高騰に拍車をかけたほか、つぎに述べる都市再開発を刺激するための建築基準法や都市計画法の大規模な規制緩和とあいまって、全国的な土地投機とビル建設ラッシュを招き、金融緩和による株式投機とともにバブルを引き起こした。

中曽根内閣は、それにもかかわらず、投機をさらに刺激する政策とそれを裏付ける法律をつぎつぎとつくっていったことをも記しておこう。

例を挙げれば、一九八六年の民活法(民間業者の能力の活用による特定施設の整備の促進に関する臨時措置法)、翌年のリゾート法(総合保養地域整備法)、それに公拡法(公有地の拡大の推進に関する法律)の改定などがある。

自治体も革新自治体が崩壊するなか、今後は反転して、ゼネコン、不動産業者、大企業の不動産部門(東証一部上場企業の大半が「財テク」と称して不動産投機を行なった)などと組んで、土地を購入し、これらの規制緩和やリゾート法などを最大限利用して、都市でのオフィス・ビルやマンション建設、地方でのリゾート施設の建設に走った。いま宮崎県のシーガイア、長崎県のハウステンボスなどをみればわかるように、それらはほとんど破綻した。これが長期不況の元凶である不良債権の山となり、自治体財政危機の大きな原因になっていることも忘れないでおこう。

ボーナスの乱発

では、アーバン・ルネッサンス時代の都市や建築関係法規の規制緩和はどのようなものであったか。この時期、あまり目立たなかったが、「通達」で規制緩和が行なわれる。「通達」は国会審議がなく、いわば官僚が勝手にできる。

いくつか挙げてみよう。

・建設省通達「市街地住宅総合設計制度の新設について(八三年二月七日)」

一九七〇年の建築基準法改正で導入された総合設計制度の規制をさらに緩和するというもの。総合設計制度は建築規制緩和の女王ともいわれ、一定規模以上の敷地面積の建築計画で、周囲に一定割合以上の空地を確保すれば、その法定容積率をアップするというボーナス制度であり、今回の通達で、法定容積率の一・三―一・七五倍の容積率が認められる。簡単にいえば、一〇階建ての建築物しか認められない土地に一八階の建築物を建てることができるのだ。

・建設省通達「都市計画法施行令の一部改正について(八三年七月一日)」

市街化調整区域の乱開発を抑制するため、開発許可の条件を二〇ヘクタール以上にしていたのを、一気に五ヘクタール以上という条件にしたもの。これによって大都市周辺の各地でミニ住宅開発がブームとなった。

・建設省都市対策推進委員会「規制緩和等による都市再開発の促進方針(八三年七月一四日)」

①東京環状七号線内の二種住専化、高さ制限緩和、②特定街区制度の適用条件の改善、③優良な民間再開発事業に対する税制・財政・金融上の助成制度の創設。

①は中曽根首相の「環七の内側を中高層に」というスローガンを建設省の方針として全国の自治体に伝えたもので、東京では不動産投機の大きな引き金になり、その後の用途地域の緩和を狙った見直しにもつながった。

②特定街区制度は一九六三年の都市計画法と建築基準法の改定の際に導入されたもので、有効な空地を確保した市街地の環境上好ましいとされる業務・商業用建築計画について、容積率、高度制限、壁面の位置など法定規制を適用外として、個別計画ごとに制限を決める制度である。古くは都市再生本部の置かれた霞ヶ関ビルに適用され、その後も緩和が進み、東京新宿区の新都庁舎を含む新宿副都心の高層ビル群、池袋のサンシャイン60などが続いた。今回はさらに緩め、青天井に近づけるものだった。二〇〇二年三月末現在で、適用されたのは東京都内だけでも五九街区、合計一〇三・四ヘクタールを数える。

・建設省通達「宅地開発等指導要綱の行き過ぎの是正について(八三年八月二日)」
乱開発と住民の被害、財政の過重負担などを防ぐため、自治体が独自に中高層建築物の建築抑制、開発業者のインフラ整備費負担、周辺住民から同意書を取ることなどを「宅地開発等指導要綱」で行なっていた。この通達で、多くの自治体は独自の乱開発防止策を失い、巨大開発に伴う学校などの公共施設建設を自ら背負い込むことになった。

・建設省通達「特定街区制度の運用方針について(八四年六月一五日)」
①容積率割増対象の拡大(住宅、公益的施設、歴史的建造物)、②容積率の移転、いわゆる空中権の活用について。②は、建築物の間で容積率を空中でやり取りする制度で、後年に法律改正で実現している。

・建設省通達「一団地の建築物に対する特例制度の活用について(八五年二月一八日)」
先にみたように、建築基準法の建築制度は個々の建築物ごとに敷地単位で行なう、一敷地・一建築物が原則である。この原則を厳格に適用すると、敷地が複数の場合、敷地ごとに小さな建物しか建てられない。そこで、これをまとめて一つの敷地にするというのがこの制度である。この制度を使うと、容積率が敷地を分割した場合にくらべて二倍にもなるので、規制緩和の王ともいわれる。この通達は、適用要件を緩和し、容積率のボーナスにさらにボーナスをつけるというのである。

・「建築基準法の一部を改正する法律（八七年六月五日）」

多くの項目にわたっているが、ここでは四つ挙げておく。①第一種住居専用地域の高さ制限の限度に一〇メートルを追加、②特定道路までの距離に応じた容積率の緩和、③道路斜線の緩和、④隣地斜線の緩和。

「建てる側」の利益

中曽根首相のアーバン・ルネッサンス時代の規制緩和の山の中からいくつかの例を紹介した。ここに貫徹しているのは、「建てる側」の利益のみの徹底的な追求である。

先にみた「内省の時代」の一九七四年に下された東京地裁判決が「容積率の低率化が要望されていることは、顕著な事実である」と断じていたことを想起しよう。

「建てる側」とはだれか。筆者たちは東京、名古屋、大阪など各地の再開発現場を歩いてみた。いくつかの県庁所在地も含まれる。建てる側の主役は高層建築の技術を持っているほんの一握りの大手ゼネコンや準大手ゼネコンであり、巨大な建築物群を構想したり、運営できるゥハウを蓄積した一握りのデベロッパーである。それを資金の面で裏側から支えているのが大手が主導する金融機関グループである。

それは国民全体からみたらほんの一握りの法人にすぎない。バブル時代に、日本人がすべて投機家になったような報道もあった。しかし、バブルの元凶は、中曽根政権の民活と建築の規制緩和を陰で演出し、それを最大限に利用し、甘い汁をすえる立場にあったこうした一握りの法人であったのだ。これについては、次の章でみることにしよう。

若干の抵抗

バブル期の土地投機と地上げの横行で地価は高騰し、さすがに国民はもちろんマスコミからも規制緩和に対して批判の声が高まり、大きな政治問題に発展した。

当時の海部俊樹内閣は一九八九年に、土地の所有権と建築の自由を認めていた日本の都市・土地政策を転換し、公共の利益を重視した「土地基本法」を制定せざるを得なくなった。

この二〇条からなる法律は、「土地については、公共の福祉を優先させるものとする」(第二条)とうたい、「土地は、投機的取引の対象とされてはならない」(第四条)とした。

また同法は、道路や都市交通の整備などにより土地の利用価値があがり、地価が上昇することで、事業者が受ける利益、つまり開発利益の社会還元の義務を日本の法律としては初めて明示した。第五条はいう。「その土地に関する権利を有する者に対し、その価値の増加に伴う利益に応じて適切な負担が求められるものとする」

こうした流れを受けて、筆者たちの前著『都市計画』の終章でふれたように、宮沢喜一内閣は一九九二年になって都市計画法と建築基準法の大幅な改正案を策定した。その主要な点はつぎのようだった。

・全国の三三〇〇の市町村に都市計画のマスタープランの策定を義務づけた。個別の建築の容積率拡大を最大の眼目にしてきた日本の都市政策に、包括的な土地利用の方針をはじめて導入しようとするものだった。

・業務・商業ビルが住宅地に侵入してくるのを防ぐため、住居系の用途地域を細分化して、用途地域を八つから一二にふやした(表3-4参照)。しかし、表にみるように、容積率は、どの用途でも過大だった。

・しかし、その過大な容積率を引き下げる、つまり「ダウン・ゾーニング」を可能にする「誘導容積制」が盛り込まれていた。

高度成長時代の終焉の時期におとずれた「内省の時代」にならって「反省の時代」がおとずれたようにみえた。

表 3-4　12 種類の用途地域と建ぺい率・容積率

用途地域	建ぺい率(%)	容積率(%)
第 1 種低層住居専用地域	30, 40, 50, 60	50, 60, 80, 100, 150, 200
第 2 種低層住居専用地域	30, 40, 50, 60	50, 60, 80, 100, 150, 200
第 1 種中高層住居専用地域	30, 40, 50, 60	100, 150, 200, 300
第 2 種中高層住居専用地域	30, 40, 50, 60	100, 150, 200, 300
第 1 種住居地域	60	200, 300, 400
第 2 種住居地域	60	200, 300, 400
準住居地域	60	200, 300, 400
近隣商業地域	80	200, 300, 400
商業地域	80	200, 300, 400, 500, 600, 700, 800, 900, 1000
準工業地域	60	200, 300, 400
工業地域	60	200, 300, 400
工業専用地域	30, 40, 50, 60	200, 300, 400

トロイの木馬

ときあたかもバブルが崩壊し、地価が急落する様相をみせ、「内省」を超えて経済界は危機感をうすうすと感じ始めていた。いよいよ本当の意味での計画の時期が到来した。筆者たちのこの時期の主張は前著『都市計画』で紹介した。マスタープランの強化と議会の議決、さらには市民の参加を強調した地方分権が主役になるべきだというのであり、それは野党議員立法として国会に提出された。神奈川県真鶴町の「美の条例」が準備されたのもこの頃からである。

だが、奇妙なことが起こりだした。この動きは「内省の時代」よりもはるかに短命に終わる。

永田町も霞ヶ関も大手町もバブルの時代には、地価が高騰するのは需要に対する供給が少ないからであり、ビルやマンションを大量に供給できるように容積率をどんどんあげて緩和すべきだと主張した。実際、その通りになり、ますますバブルは加熱した。

バブル崩壊後には、これまでとはまったく逆に地価が下がり始めたのだから、供給がゆきわたったはずだった。しかし、政官財は、今度は地価が下がり始めたので供給を増やさなければならない。供給を増やす、つまりマンションやオフィス・ビルをどんどん建てられるようにすれば、地価があがるというのである。地価が上がっても容積率のアップ、下がっても容積率のアップだ。

ご都合主義を絵に描いたような話だが、官僚だけでなく、マスコミや学者も含めて真面目にそう主張している。喜劇というより悲劇である。

「土地基本法」はすぐに建設省でも自民党本部でも経団連会館でもホコリをかぶって忘れ去られた。そして、地価を抑制し、均整のとれた美しい都市や街をつくるはずだった改正都市計画法と建築基準法はほとんど役にたたなかった。

業界の反対もあって、東京をはじめ大都市で期待されたダウン・ゾーニングは捨てられてしまう。建設省は「誘導容積制度」を変形させて、「容積率適正配分制度」にした。簡単にいうと、未利用の容積率をほかの地域に移せるというものである。ダウン・ゾーニングへの期待は、「空中権の移動」という大掛かりな規制緩和に化けてしまったのだ。

そして、改正都市計画法にとんでもないトロイの木馬が隠されていた。「住宅地高度利用地区計画」がそれで、低層住居専用地域を含む住宅地域での農地や低・未利用地などを「良好な中高層住宅市街地」として開発整備をすることを目的にしていた。

住宅地を襲ったという点で、この規制緩和の影響は大きかった。

そして、住民自身が住環境を守るために都市計画をするという「内省の時代」の象徴的旗手だった「地区計画」も、この制度を画期として、再開発を目的とする多くの地区計画制度の創出に化けさせられていくのである。

これ以降、都市計画法と建築基準法の双方で一気に規制緩和が突き進む。もう一度表3–1に戻ってその幾つかをみてみよう。

不算入という手品

まず一九九〇年代に住宅地に高層マンションが大挙して乱入してきた背景に二つの「不算入」制度という新たな規制緩和の手品があるということにふれないわけにはいかないだろう。いずれも一九九四年の建築基準法の改定で誕生したもので、都市開発協会や不動産協会の願望が実現したものである。

まず単純なほうからいこう。マンションなど共同住宅の共用廊下、階段等の共用部分を容積率から除外するという制度である。規制緩和は複雑な計算式をともなったりするのが普通だが、これは単純、明快である。

廊下や階段をたっぷりとれば住みごごちのよいマンションができるが、この部分が容積率に算入されてしまうと業界にとっては一番大事な販売戸数が減ってしまう。そこではできるだけこれを少なめにするという方法をとってきたが、最終的に編み出されたのがこの裏業だった。これだけの手品で容積率は二〇%もアップする。

いままでの一・五倍だとか、二倍といったものまであった容積率の緩和に比べると、かわいく聞こえるかもしれない。しかし、業界では利益を極大化するため、容積率を最後の一%まで使い尽くすために頭を絞るだけ絞っている。この緩和は地味だが、業界では大いにありがたがられている。

もう一つの不算入制度も、共用部分の不算入制度と同様に全国でマンション紛争を激化させた。

これは一口に、「地下室の不算入制度」と呼ばれるものだ。少し正確を期すと、改定建築基準法五二条二項はこういっていた。

「建築物の地階でその天井が地盤面からの高さ一メートル以下にあるものの住宅の用途に供する部分の床面積(当該床面積が当該建築物の住宅の用途に供する部分の床面積の合計の三分

の一を超える場合においては、当該建築物の住宅の用途に供する部分の床面積の合計の三分の一)は、算入しないものとする」

国会での改定の趣旨説明で、建設省の高官は「良好な市街地環境を確保しつつ、ゆとりある住宅の供給を図る」のが目的だと述べた。早くいえば、庶民に対して、一棟の家に親子三代(二代ではない)で住めるようにというプレゼントだとされたのである。建設委員会の審議で、マンション業者が使わないかという質問がでたが、「完全な世帯が地下に住むことは考えにくい」と答弁している。

国会の審議はなんとなく、個人の住宅で地下室ができピアノでも置ければいいではないかという雰囲気になっていった。新聞のなかには建設省が記者クラブで配った地下室付きの戸建て住宅のスケッチをもとに、この制度がもっぱら個人住宅のゆとりのためにつくられた、という記事を載せていたものがあったが、国会の議論の流れを反映したものだった。

ところが、多くの業者はこの制度の施行前から斜面のある住宅地の買占めに走っていた。

日本は山がちの国で、都市でも傾斜地が多い。業者にとっては、傾斜地は一夜にして宝の山に化けた。用途地域で一番厳しい規制のかかっている第一種低層住居専用地域では、高さ制限が一〇メートルで、業者がどんなにがんばっても三階以上のマンションは建たない。

ところが、地下室不算入制度が導入されたとたんに、東京、横浜、千葉、大阪、福岡など全国の都市にある第一種低層住居専用地域で、表からみると三階建てだが裏から見ると四階、五階、なかには九階という奇妙なマンションが一斉に建ち始めた。

これが、「良好な市街地環境を確保しつつ、ゆとりある住宅の供給を図る」はずだった、地下室不算入制度が引き起こした現実である。

この制度の施行にあたって、建設省住宅局長は全国の知事あてにつぎのような通達を送っていた。

「住宅の地階に係る容積率制限の不算入措置に付いて、1．対象となる住宅の範囲に付いて一戸建の住宅のほか長屋及び共同住宅を含むものであること、2．住宅の用途に供する部分について住宅の居室のほか、物置、浴室、便所、廊下、階段等の部分などを含む……」

偽善もここまでくると見事というしかない。初めから住宅地におけるマンションの乱立は折込済みであったのだ。

空中権の移転

不算入の手品のつぎは、空中権の手品である。

空中権とは、指定容積率に満たない建築物の容積率と、指定容積率との差のことである。たとえば、指定容積率が五〇〇％の地域に建っている建築物の容積率が三〇〇％とすると、その差の二〇〇％が空中権になる。

建築基準法では、本来は空中権の売買が想定されていなかったが、近年になってそれを可能にする制度が導入されてきた。

ある敷地にオフィス・ビルなりマンションを建てるときに、隣地に容積率を使い切っていない既存ビルから空中権を買い取り、指定容積率より高い建物を建てられるようになった。

空中権の売買といっても、実際には金銭のやりとりではなく、空中権の移転で建った高層ビルの中に、隣地のビルの所有者が一定のオフィス床やマンションの住戸を取得する、あるいはその高層ビルの共同所有者になるという場合もある。

具体的な例を挙げれば、東急不動産がＪＲ恵比寿駅の近くで、二〇〇三年末の開業を目指して建設中のオフィス・ビル「恵比寿一丁目プロジェクト」である。この地域の指定容積率は五〇〇％だ。オフィス・ビルの建設予定地の隣りに七階建てのビルがあり、そのその容積率は三七二％である。

そこで、余っている容積率を譲り受けて計画されたビルは地下一階・地上一八階の高層ビルになり、容積率は六三三％になっている。

本家の米国では主に歴史的な建造物を守るためにこうした制度が導入されたのだが、日本では適用の対象を限定しないという制度になっていた。このため、容積率低利用の建築物がデベロッパーに狙われることになった。

低利用容積率の典型は神社や寺である。膨大な空中権を求めて、デベロッパーが改修や改築を手みやげに、神社や寺詣でに忙しくなった。このため、この制度を使った建築物の多い都道府県のリストでは東京都や大阪府とならんで京都府が上位に登場している。

手品は進歩している。究極の空中権のやりとりでは、離れた街区の建築物から空中権を譲り受ける「特例容積率適用区域制度」というのが二〇〇〇年に導入された。

その適用の第一号が、第一章でも紹介した東京・丸の内にある東京ビルの建て替え事業である。これは東京駅の保存復元計画や駅前広場の整備と連動した計画だ。東京駅の周辺の指定容積率は九〇〇%だが、復元後も実際に使われる容積率はその三分の一程度と見込まれている。

そこで三菱地所は、余った容積率のかなりの部分を改築する新東京ビルに移転することでJR東日本と合意した。現在の東京ビルのある地区では容積率の限度は一三〇〇%だ。しかし、東京駅からの移転分を含めたうえ、総合設計制度も利用するので、新東京ビルの容積率は一六五〇%になり、高さ一六四メートル、地下四階・地上三三階の超高層オフィス・店舗ビルの建設が可能になった。

一方、JR東日本は、建て替え計画の共同事業者となり、新東京ビルの一部を取得して、テナント料を得ることになっている。また、同社は東京駅の空中権で三菱地所に譲った残りを同社が東京駅の反対側の八重洲口に計画している超高層ビルに移転することも決めている。

市民を無視する官僚たち

こうした絶え間ない規制緩和の嵐を極限化したものが、都市再生本部が、民間事業者などからの要望をうけて制定した「都市再生特別措置法」であり、関連法も改定されたことを第二章で紹介した。

本章の最後にこうした法律の問題点について整理するが、その前に二つのエピソードを紹介したい。

筆者たちは、この特別措置法案と関連法規の改定案の趣旨を各政党に説明して回っていた国土交通省や総務省の官僚たちに質問した経験がある。「青天井になれば、大都市の景観はますます混乱するし、巨大ビル群の周辺住民の建築被害はこれまで以上にひどくなる」

それに対する官僚側の答えはこうだった。「住民に身近な自治体が都市再生事業の審査権限をもっているから、住民の方々は心配することはないでしょう」

自治体が建築確認したビルやマンションが起こす建築公害によって全国で無数の紛争が起きていることをまったく見ようとしない答えに、筆者たちは言葉を失った記憶がある。

ではその自治体はどうしたか。都市再生の最大の舞台と目されている東京都は、二〇〇二年一二月末に「東京都における都市再生特別地区の運用について」を決定した。基本方針には、「事業者の創意工夫を最大限に発揮するため、事業者提案を基本とする」というほかに、「特別な審査検討体制により、手続を迅速に処理する」などがうたわれた。

これは、「特別措置法」に、事業者から建築計画の提案があった場合には、これまでの平均二年八ヶ月ではなく六ヶ月以内の都市計画決定を義務づけた規程があるためで、東京都は庁内に「都市再生特別地区審査会及び検討会」を設置し、審査を大急ぎでやろうというのだ。

審査をスピードアップするためだが、都の運用指針では、事業者の住民説明会をもって「公聴会に代えることができる」となっている。建築紛争を経験したひとならだれでも経験していることだが、事業者の住民説明会は、おざなりといって悪ければ、不十分である。民主的な建築行政のためには、住民の声を聞く公聴会は最低限欠かせないはずである。

六ヶ月では、住民たちが東京都や区役所に働きかけたり、都議会や地元区議会に陳情を出す時間的な余裕もなくなるおそれがある。

「住民の方々は心配することはないでしょう」という官僚たちの保証とは裏腹に、住民たちの声はこれまで以上に無視されることになる。こうした手続では、自分たちの街づくりに住民が参加することなど「夢のまた夢」といってよいだろう。

そして東京都は「運用方針」を策定する半年も前に環境影響評価条例を改定していた。アセスメントの対象建築物を「高さ一〇〇メートル超かつ延べ面積一〇万平方メートル」から「高さ一八〇メートル超かつ延べ面積一五万平方メートル」へと大幅に緩和した。高層ビルがアセスメントもなくどんどん建つ仕掛けである。周辺住民にはますます救いがない。

破壊への逆行

ここで都市再生特別措置法の問題点をまとめておきたい。同法は一〇年の時限立法とはいえ、地方分権、住民参加、地方分散などのテーマで象徴される都市計画の歩みを否定して、今後の日本に大きな禍根を残す要素を多く含んでいる。

まず、都市再生本部が「都市再生緊急整備地域」を政令で指定し、民間事業者は道路や公園整備を含む「都市再生事業」を二〇〇七年三月三一日まで国土交通大臣の認定を申請できることになっている。

これは民間事業者が自治体と相談もなく、国土交通省といわば直取引で大都市における事業を進める道を開いたことになる。このシステムは、一九九二年の都市計画法改定で鳴り物入りで導入された市町村マスタープラン、二〇〇〇年の地方分権一括法、一九九八年三月に閣議決定された「第五次全国総合開発計画」にいたる五つの全総に貫かれてきた東京一極集中の排除などを真っ向から否定するものだ。

また、容積率など都市計画上の各制限を取り払う「都市再生特別地区」は「都市再生緊急整備地域」のなかなら事業者が申請することになるが、その審査では住民参加を排除している。

さらに、この「都市再生特別地区」は、対象開発地域の面積と地権者の三分の二以上の合意があれば、申請が可能で、高層ビルを中心とする再開発に反対する残りの人は無視されるシステムになっている。

そうして危機感を強めるものとして、この法律のいたるところにちりばめられた「速やかに」という言葉に留意しなければならない。「都市再生特別地区」の指定を狙う事業提案は六ヶ月以内に採用か不採用を決めることになっているが、民間業者が国土交通相に申請する「都市再生事業」の認定ははさらに短い。たった三ヶ月以内の決定となっていて、そこには市民や市民団体、あるいは事業に直接影響を受ける周辺住民の参加はまったく排除されている。

あまり注目されていないが、民間事業者が行なう「都市再生事業」は、道路、公園など公共事業を伴うものに限定されている。そして、同法は国と自治体に対して、事業に関連する「公共施設その他の公益的施設の整備の促進に努める」よう義務づけた。

これでは国や自治体の税金の使い方の優先順位を歪めるおそれがある。たとえば、小中学校の耐震強化工事より、高層ビルの建設を可能にする道路の拡幅事業が優先されていいのだろうか。

こうした民間事業者優先政策は、半官半民の「民間都市開発推進機構」が民間事業に提供する至れり尽くせりの優遇措置で極まる。同法では、同機構が「民間都市再生事業」という再開発事業への出資、社債などの買取り、債務保証、無利子貸付を行なうことを定めている。

事業者は失敗しても最後は税金で尻拭いしてもらうセーフティネットができているのだ。健康保険、年金、失業保険など市民のセーフティネットをずたずたにする一方で、一握りの民間事業者を超優遇するのは、政策として間違っている。

民間による土地収用権

都市再生法は、中央集権的で、事業者優先の色彩がたいへんに濃い。それは「都市再生特別措置法」と同時になされ、それを骨肉化した関連法の改定でよりいっそう明らかになった。

最初に、都市再開発法の改定を調べてみよう。

市街地再開発の施工者は、前にみたように地権者がつくる再開発組合が主流だった。しかし、今回の改定では、民間事業者が地権者の参加を得て「再開発会社」をつくり施工者になれることになった。これでゼネコンや不動産会社が地権者をとり込んで、企画の段階から資金集め、施工まで主導権を握ることになる。これまで組合の後ろで黒子役だった事業者が表に出て、再開発を仕切ることになったのである。

さらに大きな議論を呼んだのは、今回の改定で、「再開発会社」が第二種市街地再開発事業も行なえることになったことだ。第二種事業とは市街地の道路や公園をつくるなど公共施設の建設事業で、土地収用法を発動できるなど強権も与えられているために、これまでは施工者は自治体や都市基盤整備公団など公的機関に限られていた。

ところが、今度の改定で、民間事業者が「土地収用権」を手にすることになったのである。これは、土地収用権は公的機関に属するとされてきた日本の法体系を揺さぶるものである。

国土交通省が各政党に配布したイラストには、低層住宅密集地区の半分に土地区画整理法で創設された「高度利用推進地区」が設定されて高層ビルが建っている様子が描かれていた。大方の法学者が想像もしなかった民間事業者の強権発動は、反対派の権利や人権を蹂躙し、民主主義の原則さえ無力化させかねない。

便乗の規制緩和

建築公害におびえる市民にとって問題なことは建築基準法の改定でも起きた。またまた容積率の大幅な緩和が盛り込まれたのである。これは「都市再生緊急整備地域」に限定されず、全国に一律に適用されるのである。便乗緩和といわれるゆえんである。

容積率はつぎのように上積みされた。

・中高層住居専用地域では、これまで三〇〇%が最高限度だったが、四〇〇%と五〇〇%を追加する。

・商業地区はこれまで一〇〇〇%が最高だったが、一一〇〇%、一二〇〇%、一三〇〇%を追加する。

さきに一団地認定は、規制緩和の王であり、総合設計制度は女王だと指摘した。しかし、総合設計制度は、都道府県に設置された建築審査会が周辺住民側の意見も聞いて許可するという手続が必要だった。

ところが、今度の改定で、建築審査会の許可をすっ飛ばし、建築確認と同様の手続だけでよくなった。おまけに、一定の住居系建築物について、指定容積率の一・五倍まで自動的に緩和することにもなった。

それだけでもなんと乱暴なことがと驚くが、「複数棟からなる開発プロジェクトを円滑・迅速に実現するため、総合設計制度と一団地認定制度の手続を一本化する」ことも新たに決まった。

これは「都市再生緊急整備地域」以外でも適用されるので、どこでどれほどの巨大な建築群が建つのか予測することは不可能になる。

卒倒するしかないが、まだある。住宅地高度利用地区計画や再開発地区計画などさまざまな地区計画をひとまとめにして、「用途地域の緩和を容易」にし、「容積率制限の緩和を容易」にする制度が創設された。

この本の副題は比喩のつもりも含めて「建築無制限時代の到来」としたつもりだったが、ここまでくると、比喩ではなく真実になる。

第四章　仕掛け人たち

経済戦略会議

第二章の冒頭で、小泉純一郎首相が就任した直後に都市再生本部を設置し、みずから本部長に就任したとき、多くの国民にとっては寝耳に水だったろうと述べた。

しかし、火山のマグマが長い時間をかけて地中でエネルギーを蓄えてから地上に噴出するように、都市再生本部にも前史があった。規制緩和の論理はすでにみたように、まるで矛盾だらけである。それにもかかわらず、さまざまな手法を使ってそれを実現しようとする強い力がはたらいていた。この章では同本部の設置を導いた仕掛け人たちを追いたい。

胎動期は後で触れることにして、同本部に直接つながる「経済戦略会議」が発足した前後の永田町にまず戻ってみよう。

経済戦略会議は、一九九八年七月三〇日に首相に就任した小渕恵三自民党前幹事長の総裁選挙における公約だった。前任の橋本龍太郎首相は、深まる不況の中で行なわれた同月の参議院選挙で敗北し、責任をとって辞意を表明していた。

小渕氏は総裁選挙に出馬するにあたって、総裁になり首相になれば、「経済戦略会議」を設置して、日本の不況を克服し日本を再生させるため、長・中・短期にわけて具体的な解決策を打ち出すと公約した。

その後の動きは速かった。まず小渕内閣に経済企画庁長官として入閣した作家で元通産官僚だった堺屋太一氏が仕掛けた。小渕首相の私的な懇談会のはずだった「経済戦略会議」は、同氏の肝いりで国家行政組織法の第八条による法的な根拠をもつ行政機関とすることになった。堺屋長官や今井敬・経団連会長（新日鉄会長）らが、ハワイで休暇中だった樋口廣太郎・アサヒビール会長（当時）に「経済戦略会議」の議長に就任するように説得した。

表4-1　経済戦略会議委員

井手正敬	西日本旅客鉄道会長
伊藤元重	東京大学教授
奥田碩	トヨタ自動車社長
鈴木敏文	イトーヨーカ堂社長
竹内佐和子	東京大学助教授
竹中平蔵	慶応義塾大学教授
寺田千代乃	アートコーポレーション社長
中谷巌	一橋大学教授
樋口廣太郎	アサヒビール名誉会長
森稔	森ビル社長

（いずれも当時）

「経済戦略会議」は議長を含めて一〇人のメンバー（表4-1参照）で組織され、同年八月二四日に第一回会合が旧首相官邸の大食堂で開催された。経済危機のなかで関心を集め、大食堂での冒頭取材ではTVカメラが回り、報道陣でごった返した。

同会議は一四回の会合を重ねて、半年後の一九九九年二月二六日に「日本経済再生への戦略」という最終答申を小渕首相に手渡して幕を閉じた。

その答申に「都市再生」という言葉が登場し、しかも二一世紀に向けた戦略的な国家プロジェクトの筆頭に掲げられていたのである。ちなみにほかには環境、情報インフラ、教育・人材育成、福祉、住宅などと続いていた。

「都市再生委員会」構想

ではなぜ「都市再生」なのか。橋本内閣の参議院選挙では、大臣経験者など有力議員が大都市や県庁所在地でばたばたと落選した。選挙後、自民党では大都市、とくに東京都民対策が大きな議論になっていた。

しかし、同会議がそのような政治的背景以上に、都市再生を不良債権処理の切り札だと判断したからだ。バブル時代の投機の後遺症として残っている不良債権化した膨大な土地は、日本経済の足かせになっていた。答申はいう。

「最も重要なことは、不動産自体の収益性を高めるための大規模かつ総合的なスキームを構築することである。具体的には、都市再開発事業を一段と推進するための制度・環境整備やわが国の都市構造を抜本的に再編し都市を再生することを通じて、不動産の流動化・有効活用を図っていくという戦略的視点が欠かせない」

さまざまな人々が住み、歴史的・文化的・社会的な存在であり、長期的で民主的な視点と手続で考えなければいけない都市を、バブルの処理に使おうというのである。

バブル時代にゼネコン、不動産業界、銀行、大手企業の不動産部門は我勝ちに投機に走った。その結果の不良債権の山である。こうした日本の代表的企業群の責任はどうなるのか。

答申はそうした責任をまったく問わず、地価が下がったから、再び都市への投資に出動すべきだと発破をかけたのだ。

「バブル崩壊以降、大都市を中心に不良担保不動産や低・未利用地が大量に発生し、日本の経済再生にとって最大の足かせとなっているが、他方この現状は都市再構築へのかつてない好機ともいえる」

不良債権がまるで自然発生してきたかのような表現である。もっとも、同会議は、責任追及を恐れて公的資金という名の税金投入の受け入れを渋っていた金融機関に対して、「三年間は責任を問わない」という声明を発表していたから、予想されたことではあった。

そして答申はいう。

「これまで果たせなかった都市構造の抜本的再編、居住・都市機能の回復に向けた土地の有効活用を不良担保不動産等の流動化と一体的に推進するとともに、情報、環境、バリアフリー、国際化等二一世紀に相応しい都市の構築に向けた国家的な戦略を策定するため、首相直属の「都市再生委員会」を設置する」

ここに都市再生本部の設置へ向けた最初の公的な仕掛けがあった。経済界からの仕掛けはそれよりもかなり早い。都市問題の重要性を会議で説いた筆頭は伊藤元重・東大教授と森ビルの森稔・社長だった。森氏は、会議が役割を終えたあと、「都市再生委員会」の重要性を強調した。

答申をもう少し追うと、都市再生は、不良債権の処理とともに、日本経済の再生の切り札としての役割も背負わされている。答申はさらに、都市計画関係の法律の改定にまで入り込み、戦略会議の都市再生にかける執念みたいなものが伝わってくる。

それはまもなく、前章でみたように小泉内閣のもとで「都市再生特別措置法」の制定と関連法規の改定で大部分が実現した。経済戦略会議が都市再生本部の構想や決定の草案あるいはスケッチを描いていたのだ。

都市再生推進懇談会

しかし、鳴り物入りで発表された経済戦略会議の最終答申は、すぐに推進力を失う。小渕内閣は、あいもかわらぬ公共事業のばらまきによる景気対策に走り、米国の「ニューエコノミー」の主エンジンと目された情報技術(ＩＴ)革命に関心を移したからだ。

業を煮やしたかのように、同年六月に今井敬会長は首相官邸に小渕首相を訪ねて経団連の『都市再生への提言』と題する文書を手渡した。

文書は、経済戦略会議最終答申の都市問題に関する部分をさらに肉付けしたもので、「国際競争力を高める活力ある産業都市」を目指すべきだとして、「大都市圏における多様なニーズに応えるためには、都心部の土地を高度利用することが必要である」と強調したものであった。

経団連の提言が発表されてから半年以上もたち、世間から忘れ去られていたころ、突然のように都市再生問題が政治の舞台に再浮上する。

年が明けて二〇〇〇年になり、経済戦略会議の最終答申が発表されてから一年近く経ったころ、同答申を推進するための懇談会が発足した。小渕首相から中山正暉建設相への指示で組織された「都市再生推進懇談会(東京圏)」と「都市再生推進懇談会(京阪神地域)」である。

両懇談会とも財界人、自治体の首長、それに学識経験者らが招集されていた。あまり報道されることはないので、東京圏懇談会のメンバーをここに掲げてみる(表4-2参照)。

東京圏懇談会には田中順一郎・三井不動産会長や、経済戦略会議で都市問題の議論をリードした森稔・森ビル社長が、関西圏懇談会では関西地区の大開発業者でもある阪急電鉄の小林公平会長や近鉄の田代和会長ら「利害関係者」が顔をそろえていた。

自治体の首長のなかでは、石原慎太郎東京都知事や岡崎洋神奈川県知事らの発言が目立ったという。

公正に見せかけるだけにしろ、労組代表や消費者代表がはいるのが政府の審議会や行政会議

表4-2　都市再生推進懇談会（東京圏）委員（いずれも当時）

1 国	
中山正暉	建設大臣
2 地方公共団体	
石原慎太郎	東京都知事
土屋義彦	埼玉県知事
沼田武	千葉県知事
岡崎洋	神奈川県知事
3 有識者等	
出井伸之	経団連新産業・新事業委員会共同委員長，ソニー社長
伊藤滋	慶應義塾大学大学院教授
伊藤元重	東京大学経済学部教授，経済戦略会議委員
江口克彦	PHP 総合研究所副社長
翁百合	日本総合研究所主任研究員
尾島俊雄	早稲田大学理工学部教授
坂本春生	経済同友会副代表幹事，西武百貨店副社長
田中順一郎	不動産協会理事長，三井不動産会長
月尾嘉男	東京大学大学院教授
鶴田卓彦	日本経済新聞社社長
中村英夫	武蔵工業大学環境情報学部教授，運輸政策研究所所長
グレン・S・フクシマ	アーサー・D・リトル・ジャパン社長，在日米国商工会議所前会頭
古川昌彦	経団連副会長，国土・住宅政策委員会委員長，三菱化学相談役
森稔	森ビル社長，経済戦略会議委員
4 オブザーバー	
松井旭	千葉市長
高橋清	川崎市長
高秀秀信	横浜市長
牧野徹	都市基盤整備公団総裁

の慣例だったが、ここではイチジクの葉すら投げ捨てられた。

なぜ都市再生が再浮上したのだろうか。小渕内閣は「二兎は追わない」として財政規律を投げ捨てて公共事業を全国にばらまいてみたものの、景気はさっぱり上向く気配をみせない。おまけに、永遠の繁栄を約束するはずだった米国の「ニューエコノミー」は陰りを見せ始め、IT景気がバブルだったことも次第に明らかになっていた。政策的な手詰まり感が、都市再生を再浮上させたのだ。

東京湾岸のシャンゼリゼ

両懇談会とも一一月三〇日に東京でそれぞれの提言を同時に建設大臣に手渡した。

東京圏の報告『東京圏の都市再生に向けて――国際都市の魅力を高めるため』はより具体的であり、公共事業を大都市圏に集中する提案は、都市再生本部の都市再生プロジェクトとしてつぎつぎに実を結ぶことになる。

同報告書のプロジェクトの提案は、①土地の高度利用・複合利用、②駅に着目し、住宅、福祉、公共・公益などの多面的機能の立地促進、③個性豊かな魅力ある拠点の形成、④安全性・防災性の向上、⑤都市基盤の整備改善、⑥広域的な交通基盤の整備、⑦情報ネットワークの充実とその活用、など盛りだくさんだ。

経済戦略会議の最終答申があまり触れないで懇談会の報告で強調されている最大の提案は、⑤の都市内道路など「都市基盤整備」と並んで、⑥の「広域的な交通基盤の整備」である。

具体的に、報告書はいう。

「東京圏の都市構造を抜本的に改善し、多角的都市構造の実現を図る三環状道路、湾岸道路その他の幹線道路ネットワーク整備は、まさに緊急の課題である。また、鉄道新線の整備も促進すべきである」

「国際的、広域的な観点から東京圏の現状を見た場合、まず、国際的な旅客の流れと物流を円滑化し、国際競争力を強化するための国際空港機能・国際港湾機能の抜本的な充実は、国として取り組むべき最重要課題である」

首都圏の三つの環状線は都市再生本部の促進決定で脚光を浴びたが、都市の開発や再開発と鉄道の関係は意外に見逃されている。しかし、東京、横浜、名古屋、大阪、北九州など大都市では鉄道、地下鉄、モノレールなどの建設が続き、さらに新線計画が目白押しである。とくに東京は鉄道などの密度は世界の主要都市に比べても遜色ないほど整備されている。近年は相互乗り入れが急速に進み、なお便利になった。

しかし、開発あるいは再開発が先にありきではないかと疑わせる鉄道計画も少なくない。たとえば、バブルの最盛期に地価が高騰し、東京や周辺から人口がどんどん脱出していたときに計画された常磐新線である。脱出人口で膨らむと予測された首都圏の住宅難を解決し、千葉や茨城などの鉄道空白地帯を埋めるという構想だった。

この東京・秋葉原とつくば市を結ぶ五八・三キロの複線鉄道の新設構想は、一九八七年に運輸省、沿線自治体、ＪＲ東日本が「常磐新線整備検討委員会」を発足させ、一年で「基本フレーム」をまとめた。

これを受けて一九八九年には建設省、運輸省、自治省が策定した「大都市地域における宅地開発及び鉄道整備の一体的推進に関する特別措置法」という長い名前の法律が成立する。鉄道用用地の多くを農地や既成市街地の区画整理でひねり出し、それをテコに新たな住宅地と既成市街地の再開発を行なうというものだ。

起工式は一九九四年一〇月に秋葉原駅で行なわれたが、すでに新線の行く手に暗雲が垂れ込めていた。バブルは崩壊し、地価の下落で再開発事業の採算に疑問が生じた。バブルの時代には高騰を期待して土地を抱えていたままの農家も手放し始め、東京周辺の宅地の価格も急落し、かつて東京を脱出した人々も戻れるようになった。

このため、着工の翌年にあたる一九九六年には、運輸省は当初の開業予定を二〇〇〇年から五年間延期し、輸送客数を一日当たり四七万四〇〇〇人から三二万七〇〇〇人に大幅に切り下げた。構想段階では四〇〇〇億円とされていた建設費は倍以上に膨らみ、一兆五〇〇〇億円に上るとされた。

政府は建設費の大半を無利子融資で面倒をみることにしたが、無利子でも借金は借金であり、建設費の倍増と区画整理した土地の処分では計算不能といわれる赤字が出るおそれがある。財政的にいえば計画全体はお先真っ暗というのが実情だ。

この事業を進める「首都圏新都市鉄道株式会社」には、東京都、千葉、埼玉、茨城の各県、千代田区をはじめ柏市、つくば市など沿線の自治体、それに京成電鉄、三井不動産など民間企業、都市基盤整備公団など二〇七社・団体が出資者として名を連ねている。

膨らむ建設費が沿線の自治体の財政を圧迫し始めており、最終的な赤字処理は国にとっても自治体にとっても時限爆弾になりそうだ。

ほかの自治体も笑えない。強気をもって鳴る石原慎太郎東京都知事が「行くも地獄、退くも地獄」といった都営地下鉄大江戸線をはじめ臨海副都心線、臨海新交通「ゆりかもめ」などは、いずれも初めの需要予測を下回り、少なくとも現在のところは赤字路線である。各地の新線や地下鉄も苦戦しているところが多い。

鉄道と開発・再開発の問題を考えるために長くなったが、都市再生推進懇談会(東京圏)が「鉄道新線の整備を促進すべきである」と結論づけたとき、いったい何人のメンバーが膨らみ続ける膨大な赤字を考えていたのだろうか。

嘆きの声

京阪神地域の報告書のタイトルは東京圏と同じで『京阪神地域の都市再生に向けて』だが、副題が違っている。東京圏は「国際都市としての魅力を高めるため」だが、京阪神地域は「住みたい街、訪れたい街、働きたい街」となっている。

東京は「国際都市化」をキーワードにしてきた。このキーワードは、あたかも外国のビジネスマンが働く超高層オフィス・ビルや高級マンションを建てればよいという響きがある。東京に住み暮らす一二〇〇万人の大半の市民への目配りに欠けている。これに対して、京阪神地域の副題は、人間の声がする。

京阪神、とくに中心の大阪は失業率が全国平均の二倍近く、企業の本社機能も東京に集中する傾向のなか地盤沈下が激しい。報告書も嘆きから始まる。かつては、東京圏と並び日本の発展を牽引してきたという自負があった。しかし、今は違う。

「東京圏への一極集中の進展などにより徐々に経済的活力を失ってきた京阪神地域は、今日、絶対的衰退の淵に立たされているといって過言ではない」

しかし、同報告書がいうように、京阪神地域は京都、大阪、神戸とそれぞれ違った自立的な発展を遂げて、それぞれの個性を持っている。

「綿々たる歴史、長年にわたり培われてきた文化、先取のアカデミズムが築いた学術、港を通じた交流がはぐくんできた進取の気風など、他の地域が持ちえない、重厚な厚みのある地域資源を有しており、独自の発展を遂げていく可能性を内包している」

報告書は、こうした歴史的な遺産や「先取のアカデミズム」が産み出すバイオ・テクノロジー、医療関連産業、情報産業、環境産業などの都市型産業を強化し、二一世紀にふさわしい高度な産業・経済システムの再構築を行なうことが必要である、と強調する。

しかし、そのあとですぐに独自性を投げ捨ててしまうような提案をするのだ。報告書はいう。

「折りしも、我が国経済の新生のためには、都市構造を抜本的に再編し、二一世紀にふさわしい機能を備えた都市に再生していくことが不可欠の条件であるとの認識が示されるようになった。京阪神地域においても、今こそ都市に目をむけ、世界的な規模で人、マネー、情報などが行き交う、生き生きとした都市空間を創造しなければならない」

東京から「認識が示された」ことを理由に、京都、大阪、神戸の三都市の市街地再開発や、立ち往生しているサイエンス・パークをつなぐサイエンス回廊という開発事業の再構築の必要性などを力説するのだ。

関西、とくに大阪府も大阪市も地盤沈下にあえぎ、全国でも最悪の部類に属する財政危機に直面している。しかし、それは、東京がその時々に囃す音頭に乗って踊ったためではないか。

大阪府のりんくうタウンは東京の臨海副都心のミニ版だし、関西空港二期工事や国際会議場の建設などもそのにおいがする。

大阪市も、やれ国際化だ、やれ都市再開発だといっては、巨大なハコモノをつぎつぎに建設してきた。ワールドトレードセンター、アジア太平洋トレードセンター、湊町開発センターなどは破綻状態で、毎年赤字の穴埋めに福祉予算などを削って多額の税金を投入しつづけている。阿倍野などの再開発事業もトラブル続きである。

こうした事業を推進してきた知事や市長、それに予算を議決してきた議会の責任を問うべきではないか。そして、東京に追従することをやめ、報告書が挙げている独自の財産を生かすことこそ、京阪神地区の本当の再生につながるのではないか。

強制収用

先に進むまえに、東京圏の報告書に、都市再生にからんで市民の側から見逃せない提案があったことを指摘しておきたい。同報告はこういっていた。

「現在の土地収用制度には多数当事者への対応など迅速性、簡潔性に欠ける点があり、不合理が指摘されている。したがって、土地収用法を見直して手続の迅速化等を図り、都市再生の成果が短期間に着実に上がるようにすべきである」

これを受けて、森内閣は翌年二〇〇一年の国会に、土地収用法の改定案を提出した。

土地収用の手続は二段階である。国土交通大臣か都道府県知事が、強制収用の申請対象になった事業に公共性があるかどうか判断する「事業認定」と、各都道府県の収用委員会が行なう「収用採決」の二つである。

従来の土地収用法では、事業者が国土交通大臣や都道府県知事、決定者も国土交通大臣、都道府県知事であった。自分で収用申請し、自分が認可するという漫画のようなシステムであった。ここでは被告人と裁判官が同一である。申請された事業で認定を否定されたものは一件もないという事実はその滑稽さを象徴している。

しかも、事業が固まってから認定を申請するので、どんなに不当な事業でもとまらない仕組みがここにもある。したがって、事業認定には、行政から完全に独立し、関係住民も参加できる第三者機関と、客観的な評価基準の導入が必要だという批判が繰り返されてきた。

改定法案は、この批判にも答えようという意味ももっていたが、別の狙いもある。認定の公平さについて、第三者による意見聴取や公聴会の開催を新たに義務づけ、また事業者に関係住民への事前説明会の開催なども義務づけた。

しかし実はこの第三者機関は、国土交通大臣の場合は「社会資本整備審議会」に、都道府県知事の場合には条例で定める機関にするとなっていた。この委員はいずれも事業認定者である国土交通大臣あるいは知事が任命する。被告人は衣を被っただけに過ぎないのである。

改定案の本当の狙いは、認定が下りた後の手続の「迅速化」にある。

・事業者が収用採決を申請するときに作成する土地・物件調書については、地権者の立会いや署名押印が得られなくても、一ヶ月の公告・縦覧期間に異議申立てがなければ有効とする。

・審理の際に多数の地権者の中から三名までの「代表当事者」を選定するよう収用委員会が勧告できるようにする。

・これまでは地権者の一人ひとりに直接手渡す必要があった補償金を、現金書留や郵便為替を送ればよいことにする。

・収用委員会の審理における事業の公益性に関する住民側の主張を制限する。

東京・日の出町のごみ処分場のようなトラスト運動など、多くの公共事業で住民はこの収用手続に異議申立てをしている。これに政府や自治体が業を煮やしたというのが背景だ。しかし、問われるべきは、事業の正当性や公益性そのものであり、そうした議論を封じ込める主張は本末転倒である。

土地収用法の改定案は、これも自民党など与党だけでなく、野党民主党も賛成して、二〇〇一年六月二九日に国会を通過し、同年七月六日に公布された。

緊急経済対策

都市再生というキャンペーンの本質に迫るために、「経済戦略会議」から東西の「都市再生推進懇談会」の動きを追ってきた。つぎに舞台は再び永田町に戻る。両懇談会の流れを受けて、都市再生が政府の重要な政策となったのである。

森喜朗首相のもと株価が低迷し、景気の先行きが不透明さを強めていた二〇〇一年三月九日、自民党、公明党、保守党(当時)の連立与党の幹事長、政調会長ら幹部が首相官邸に集まり、対策を協議した。

協議後、与党幹部は森首相に与党三党の「緊急経済対策」を手渡したが、そのなかに公式にはじめて「都市再生本部」が登場する。

当時の市場低迷を反映して、「緊急対策」には、「不良債権の的確かつ迅速な処理」「民間ファンドによる株式買上機構の創設」「証券市場等の活性化対策」などが並んでいたが、目玉はなんといっても「都市再生の実現」と「土地等の流動化対策」の二項目だった。

「都市再生の実現」の部分を引用しておこう。

「低・未利用地等を有効活用し、環境・医療・防災・情報化・国際化などの視点から都市の再生を目指すため、国と地方自治体が一体となった二一世紀型プロジェクトを積極的に推進する。このために、内閣のもとに「都市再生本部」(仮称)を設置する」

「具体的なプロジェクトの選定には、自治体の意向・意欲を十分に尊重するとともに、実施機関やファンドの創設、さらに輻輳した不動産関連の権利等を調整する機関の創設など、国と自治体との強力な連携のもとに都市の再生を図る」

ここで新たに強調されているのは、自治体の役割の大きさである。実際に、石原慎太郎知事が指揮をとる東京都が「都市再生本部」がのちに選定するプロジェクトや再開発事業の案件を先取りして計画し、実施しており、政府に都市再生本部ができると一体となって推進してきた。この点はこのあとすぐに検証する。

「土地等の流動化対策」で筆頭に挙げられているのは、相も変わらぬ「容積率など建築基準等の規制改革」である。「緊急経済対策」はいう。

「土地の資産価値を高めることが期待できる容積率・建ぺい率などの規制改革をはじめ、都市の再開発のネックとなる数々の規制の改革を進める」

自民党は戦後のほとんどの時期を政権を握り、政官財の政治部隊として都市政策の一端を担ってきたが、戦後の都市政策を貫くキーワードが容積率の緩和だった。その緩和の意味が「土地の資産価値を高める」ことだったことを、このA4四ページの文書はあっさりと認めている。

もちろん、容積率の緩和で大きな利益を出せるのは、国民全体からみれば、ほんの一握りの大企業に限られる。自宅の小さな土地しかもたず、建て替えもなかなかできない大多数の国民にとって、資産価値の上昇は、固定資産税や相続税の高騰を意味するだけだ。

ところで、「緊急経済対策」を受け取った森首相は翌月の四月六日に、首相官邸で経済対策閣僚会議と与党の緊急経済対策本部の合同部会を開き、与党案を下敷にした「緊急経済対策」を決定している。ここに都市再生とそれを仕切る「都市再生本部」の設置が政府の政策になったのである。

ところが、同日午後に経済失政や政治的スキャンダルで森首相が、辞任を正式に表明してしまう。後を襲った小泉首相が就任直後に都市再生本部をすばやく立ち上げ、自ら本部長のイスにすわったという印象を与えたが、すでに御膳立てはできていたのである。

石原都政の都市政策

さきに石原都政は、都市再生本部の仕事を先取りしていたと述べたが、初当選以後の動きを追ってみよう。

石原知事は二〇〇〇年一二月に『東京構想二〇〇〇――千客万来の世界都市をめざして』という一五年計画を発表している。その中で知事はこう述べている。

「私は、都知事就任以来、東京が抱える数々の問題を日々肌に感じてきました。東京の危機は日本の危機であり、たちはだかる危機をなんとしてでも克服して、力強い東京を、そして日本を再生していかなければならないとの思いを一層強めています」

ここには、東京の再生を通じて日本の再生をリードしたいという知事の意欲がにじみでている。

このA4で三二五ページにおよぶ文書で知事は、新しい東京の都市構造を、「環状メガロポリス」として打ち出した(図4-1参照)。

これは、これまでの「マイタウン構想」(鈴木俊一知事)などが東京都だけに限って計画をたてていたのと異なり、都心からおよそ六〇キロの首都圏中央連絡道路(圏央道)に囲まれた東京都、埼玉、千葉、神奈川の各県、横浜、川崎、千葉の各市をカバーする広域を「環状メガロポリス」とし、その整備を国や関係自治体と協調して進めることをうたっている。

そして逆に、東京都内では首都高速中央環状線の内側をセンター・コア・エリアと名付け、重点的に再開発をはかる地域とした。

こうした目的を達成するために、①土地の有効・高度利用を図りながら都心居住を推進し、センター・コア・エリアを魅力的な都市空間にする、②都市の渋滞緩和と活力向上のため首都圏三環状道路などの公益幹線道路の整備を促進する、③羽田空港の再拡張を促進して利便性の高い国際空港とする、④二〇一五年までに首都圏の鉄道ネットワーク網を既設路線の延長や新

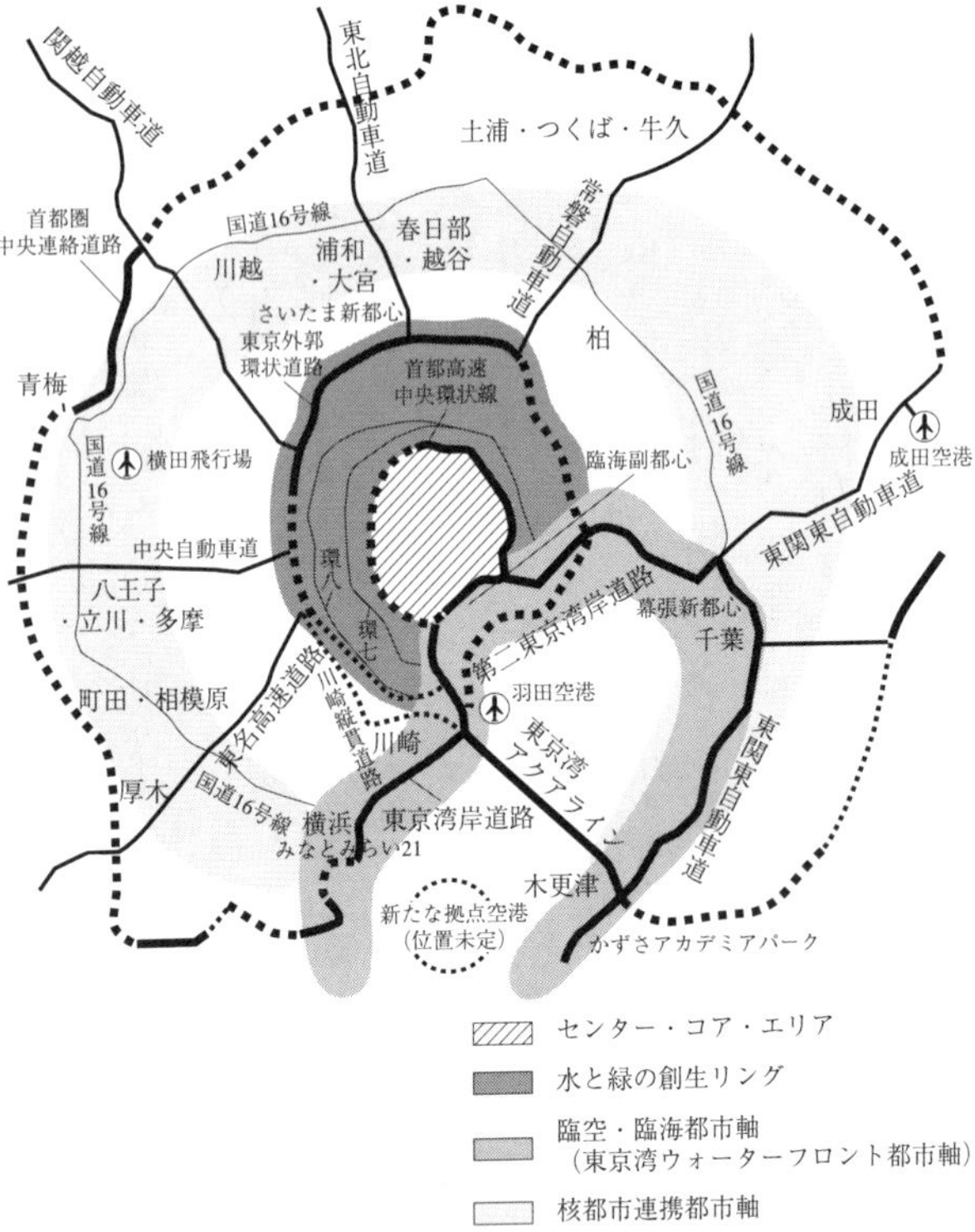

図 4-1　東京都の「環状メガロポリス構造」(『東京構想 2000
——千客万来の世界都市をめざして』より)

線の建設で充実させる、などの諸点に取り組むとした。羽田問題については、海水面から一五メートルの桟橋方式にするという提案まで行なっている。

都市再生本部が発足した二〇〇一年五月から一ヶ月余りしかたっていない六月一一日に、東京都は『東京構想二〇〇〇』に盛り込まれた三環状道路など主要な公共事業を実現するための『首都圏再生緊急五ヵ年一〇兆円プロジェクト』を策定し、同本部や政府に説明した。

実際のところ、都市再生本部が採択した首都圏の大型公共事業プロジェクトはすべてこの文書にはいっている。国が東京都の提案にお墨付きを与えた格好だ。

石原知事はその後、環状メガロポリス構造を肉付けした『首都圏メガロポリス構想――二一世紀の首都像と圏域づくり』を二〇〇一年四月に発表し、関係自治体や国が共同で戦略的に取り組むべきだと訴えている。

また、同年一〇月になると、石原知事は『東京構想二〇〇〇』と『首都圏メガロポリス構想』を具体化するための『都市づくりビジョン』を矢継ぎ早に公表している。

東京都と都市再生本部の密接な、あうんの呼吸の関係は、東京都が二〇〇二年六月一一日に「都市再生緊急整備地域及び地域整備方針」を同本部に申し入れ、同本部は翌月二日に東京都案をそのまま取り入れた第一次の「都市再生緊急整備地域」を発表したことからもわかる。

同本部の事務局長は国土交通省からの出向で、二人いる事務局次長は国土交通省と都庁からの出向で、人脈的にも強い連携関係にある。

突出する東京

大都市、とくに東京では、二〇〇二年から〇三年にかけて第一章でみたように空前のビルやマンションの建設ラッシュが起きているが、過剰供給からビルでは空室率の上昇やマンションでは売れ残りや値下げ競争が現実の問題になっている。

この問題は第五章で検証するが、東京都がまとめ、都市再生本部が承認した都内の七ヶ所にわたる「都市再生緊急整備地域」の合計面積が二三七〇ヘクタールにおよぶことは第二章でみた。

そして、都市再生本部に提案のあった建築プロジェクト二八六件のうち東京圏が一八二件と全体の六三％を、そのうち東京都分は八一件で全体の二八％を占めていた。しかも、東京の案件は一件で数棟あるいは十数棟の高層ビルやマンションが建ち並ぶものが多く、規模や事業費で大阪、名古屋、福岡・北九州を圧倒している。

東京都がとくに重視しているのが、首都高速中央環状線の内側とされる「センター・コア・エリア」である。先の『都市づくりビジョン』では「我が国の政治・経済・文化の中枢としての役割を果たしている」地域として、ここを「センター・コア再生ゾーン」と位置付けている。

このセンター・コアには、「都市再生緊急整備地域」に指定された大手町・丸の内・有楽町、日本橋・銀座、六本木・赤坂・虎ノ門、秋葉原・神田などのほか、落合・目白、日暮里、江東、神楽坂など三〇ヶ所にものぼる開発・再開発予定地が挙げられた。

二〇〇二年最初の都議会で都側は、センター・コア内で計画中あるいは事業中の主な開発・再開発案件だけで六三地区あり、合計床面積は二八二ヘクタールに達することを明らかにしている。

この合計面積は野球のテレビ中継でおなじみの、東京ドームの敷地の約六三倍、床面積合計は、超高層ビルが林立する新宿でも目立つ新宿三井ビル(地上だけで五五階建て)の五〇棟分に相当する。まさに建築ラッシュである。

種　本

ついでに、東京都が矢継ぎ早に発表した都市計画関係の文書や都庁の発表には種本、あるいは虎の巻と思わせる本が幾冊かあったことに触れておこう。それは『東京計画地図』(一九九七年九月刊)、『首都圏計画地図』(一九九九年五月刊)、『都心活性化地図』(二〇〇〇年五月刊)の三冊である。

最初の本の編著者は「東京計画研究会」とあるが、奥付には「東京都政の現在と将来計画を、ビジネスチャンスの視点で研究しつづける、都内に勤務する有志の組織。本書執筆にあたっては、都庁各部署および関係各機関から最新の資料を取り寄せ、さらに関係者からの直接情報を総合してまとめた」と紹介されている。

この本の中心的なまとめ役は二冊目、三冊目で編者の一人として名乗りを上げた青山佾《やすし》都副知事（都市計画など担当）である。一、二冊目の時は都政策報道室理事で、一九九九年五月に、当選したばかりの石原知事に二四人抜きで副知事に抜擢され、都市問題の懐刀と目されている。

どの本も、開発予定地は一つひとつの建物についてまで紹介し、これから整備するところとして東京の三環状道路や鉄道、地下鉄の路線を詳細にあげて、いたるところにビジネス・チャンスがあるとあおっているのだ。ある本では、まだ政策としては確定していない公共事業などまで紹介していると豪語した。

これでは都の幹部がゼネコン、不動産業界、周辺の各業界の広告塔だと批判されても仕方がないだろう。都が正式に決定していない情報を事前に公表するのは、公務員としての倫理観を問われても当然だろう。

これらの本に共通しているのは、こうして林立するオフィス・ビルやマンション建設で太陽を奪われるなど永久に生活環境が悪化したり、あるいは追い出されたりする無数の都民たちのことはまったく念頭にないような書きぶりだ。その都民無視の姿勢は第五章で紹介する都有地の売却でもさらに露骨になるが、ここではこれらの本をみておくことにしよう。

たとえば、『東京計画地図』では、問題が多い建築確認の民間委託について、国も規制緩和にやっと本腰を入れてきたと好意的に紹介している。

もっと驚くのは「規制緩和推進計画」というページを設け、容積率緩和の主なものを紹介したうえで、業界が要望していた「敷地規模別総合設計制度」は「速やかに実施」すると述べ、「建築物単体の規制項目の見直し」については「九八年度中に建築基準法で改定の予定」とまで紹介している。『東京計画地図』は九七年の発行だから、この重要な情報を事前に公開していたことになる。

財界の影

その青山副知事は、建築紛争で泣いている都民たちのところへ出掛けていって、東京の都市計画を考える参考にしている、という話は寡聞にして聞かないが、「建てる側」との交友関係は広いようだ。たとえば、東京再生の強力なイデオローグのひとりと目される森ビルの森稔社長が主宰するアーク都市塾で講演したり、日本経団連の都市政策問題の幹部と懇談したりしている。

ひとつだけ実例をあげよう。都市再生本部が東京都内の七ヶ所を「都市再生緊急整備地域」

に指定した後、日本経団連の平島治・大成建設会長と岩沙弘道・三井不動産社長が共同委員長をつとめる経団連の国土・都市政策委員会に招かれて、青山福知事は都市再生について東京都の今後の取り組みを説明している。

これに対して、同委員会側からは、容積率を上げることが都市再生に必要不可欠であることを国民に正面から理解してもらう努力が必要だ、地方優遇の地方財政制度を都市重視の制度に変えるべきだ、などの発言があった。

財界の総本山はこうした懇談でその意思を伝えるばかりではない。重要な時期には提言や提案を政府や与党に持ち込んで、企業献金というテコを背後に潜ませて、政策づくりや法案化を働きかけることはよく知られたことだ。

この章の冒頭に登場した経済戦略会議が発足したのは一九九八年八月二四日だったが、それより前の同年四月二一日に、『報告書「新東京圏の創造」――安心・ゆとり・活力を兼ね備えた都市づくりに向けた提案』を政府や与党に手渡している。

この報告書は、その内容からみて、経済戦略会議の最終答申の脚本といってもいいほどだ。最終答申には、報告書のいう「都市インフラの充実と民間主導型の新しい都市づくり」の提唱というコンセプトから、「都心部超高層住宅整備」という具体的な提案まで見事に生かされている。

ところが、経済戦略会議が提唱した都市再生や「都市再生委員会」がさっぱり動き出さないので、経団連は一九九九年六月に『都市再生への提言』を政府にぶつけて催促した経緯は先に触れた通りだ。

太いパイプ

経団連に加盟する各業界団体もそれぞれに太いパイプをもっている。都市再生におおいに関係のある不動産協会(理事長・田中順一郎三井不動産会長)の活動の一端をその二〇〇一年度の事業報告の「大都市再生の推進」という章からひろってみよう。

・政府の都市再生への取り組みに関連して、六月に「都市再生に関する意見」を、九月には「都市再生推進のための規制改革等に関する意見」を都市再生本部に提出。
・九月には、首相補佐官の私的諮問機関「都市再生戦略チーム」に田中理事長が委員として参加し、「開発特区」の創設を提案。
・東京都に対しては、六月に東京都の「新しい都市づくりビジョン(答申)」に対する意見を提出。
・二〇〇二年三月には、東京都環境影響評価審議会の計画段階環境アセスメントに関する中間とりまとめに意見を提出。

「都市再生戦略チーム」は、都市計画中央審議会会長である伊藤滋・早稲田大学教授を座長とする都市再生本部の裏部隊で戦略的知恵袋だった。ここには不動産業界でも「向こう傷は厭わない」という社風で知られる三井不動産の会長がそのメンバーとなり、建築規制を青天井にする「都市再生特別区」制度を提案をした少なくとも一人だったことがわかる。

ところが、都市再生の具体的な提案となると、その詳細さにおいて大手ゼネコンが組織する日本建設団体連合会(日建連)は、群を抜いている。餅は餅屋である。

たとえば、都市再生本部が発足して間もなくの二〇〇一年七月に発表した『都市再生のあり方について(提言)』だ。重複を避けるため詳細は省くが、さまざまな規制緩和や、土地や不動産流通にかかる税金の軽減、道路、鉄道、空港の整備まで、ゼネコンの要望のオンパレードである。

当事者たちが聞いたら驚くような提案も少なくない。

たとえば、住居系用途地域では、住民の健康維持に最低限必要な日照を確保するため、建築基準法で建築物の影があまりに大きくならないように日影規制が課せられている。

これに対して、日建連の提言は、日影規制があるために、使える容積率は指定容積率より「かなり低く、採算性の悪い非効率な建築物しか開発できない」として、「再開発地区計画等により容積率の割増を得ても、周辺の日影規制により消化できないケースがある」と批判している。

そして、提言はこういっている。

「特に都心四区(千代田、中央、港、新宿)については、すでに東京の業務集積ゾーンとなっていることなどから日影規制の必要性が疑問視されている。経済活力に満ち溢れた国際都市への再生という観点からも全面的に撤廃する必要がある」

こうして、このような「暴論」と思われる提言も、都市再生本部の数々の規制緩和にともなう建築基準法の改定の中で、さすがに全廃とはいかなかったが、相当に実現している。

都市再生本部の決定でこの提言に盛り込まれていないものはないほどで、日建連の影響力の大きさが改めて浮き彫りになった。

JAPICの腕力

最後に、腕力というか、実力という点からみれば、経団連の公共事業・都市開発部隊というべき日本プロジェクト産業協議会(JAPIC)の右にでる組織はないだろう。

一九七九年に任意団体として発足し、一九八三年には財団法人として認可され、一六一の法人と団体から構成されている。

加盟企業としては建設、鉄鋼、流通、金融、不動産、証券、セメント、マンション建設など関連する大企業が勢ぞろいしている。バブル崩壊後は、バブルの元凶視された金融業界は表向きは都市再開発問題について目立った発言を控えているように見える。しかし、銀行は経団連やJAPICを通じてその意向や要望を永田町や霞ヶ関に十分伝えてきた。

JAPICの会長は日本鉄鋼連盟会長で新日鉄社長の千速晃氏、二人の副会長のうちの一人は日本建設業団体連合会会長の平島治大成建設会長、もう一人はみずほコーポレート銀行の齋藤宏頭取である。

この組織は、その目的に①重点プロジェクトの積極的推進、②政策の提言や要望活動、③広報活動の推進、の三つを掲げている。

これまでの重点プロジェクトとしてJAPICが提言し、実現したと誇っているのは、東京湾アクアライン、横浜の「みなとみらい21」、関西空港、幕張新都心などで、いずれも膨大な赤字を抱えている。JAPICはつくることを目的化していると批判されても仕方がないだろう。

そして、加盟企業、学者、官僚を集めて講演会、研究会を重ねながら、JAPICは実にさまざまな政策提言と要望を政府・与党と各省庁に行なってきた。都市再生関連に限っても、すでに一九八〇年には容積率の空中権の活用や地下の利用を提言している。

一九八三年には、公共事業分野への民間活力の導入を提言し、都市開発、規制緩和、社会資本整備の官民分担の必要性を強調し、中曽根康弘首相の「アーバン・ルネッサンス」の下敷になっている。

同年に「都市再開発の諸制度や手法」として、さらに民間事業と公共事業の複合化や税制改革などを提言している。

また、一九八六年には内需拡大のプロジェクトとして、都市再開発、公有地の活用、地方でのリゾート開発などを提言し、翌年には今回の都市再生本部が取り上げた東京外郭環状道路と首都高速道路の一体整備を要望している。

首都圏新空港の調査促進をぶち上げたのが一九九〇年であり、空港整備に一般財源の投入を提案したのが一九九三年だった。

私物化

これらをみるだけでも、国の事業や政策として実現されたものがほとんどである。都市再生本部は、ＪＡＰＩＣに代表される公共事業・都市再生関連企業の提言や要望を総ざらい的に実現するための道具だったといってもいいくらいだ。

都市再生本部が発足してからも、ＪＡＰＩＣは永田町や霞ヶ関に強力な働きかけを行なってきた。二〇〇一年五月に都市再生本部が発足すると、ＪＡＰＩＣは翌月には「大都市圏の都市構造再編に向けて優先的に実施すべきプロジェクトの提言」を同本部、自民党など与党、各省庁へ届けている。そうしたプロジェクトには東京圏の三環状道路や新国際空港などこれまでの提言が一括して盛り込まれていた。

その後、ＪＡＰＩＣ内に、「都市再生研究会」を設けている。その目的は「都市再生への取り組みを強化し、都市再生を日本経済再生への切り札として位置づけ、とくに緊急経済対策に対応した短期的な意味合いの強いプロジェクトの早期実現を図る」ためだという。

都市再生本部がその後採用する「都市再生緊急整備地域」や「都市再生特別地区」などはＪＡＰＩＣ内部でも調査・研究されていた。

都市再生本部のバック・チャンネルとして牧野徹首相補佐官（前都市基盤整備公団総裁）の諮問機関として「都市再生戦略チーム」（座長、伊藤滋早大教授、都市計画中央審議会会長）が二〇〇一年九月発足した。

すると、戦略チームの第二回会合に千速会長がさっそく出向きＪＡＰＩＣの「都市再生に向けての21世紀のグランドデザインと基本戦略」という文書を報告し、説明している。

この報告書は基本戦略として、①東京の空港・港湾と関連広域道路の強化・充実へ着手、②臨海部の低・未利用地の環境改善に利用する、③プロジェクトの早急、効率的な実現のために民間資金投入を柱とする投資システムを構築する、の三点を強調していた。いずれも、都市再生本部が採用することになる提言である。

こうみてくると全閣僚で構成されている都市再生本部は、一握りの巨大企業の操り人形に過ぎなかったのがわかるだろう。本部の会合は三〇分で終わったりしていたのである。

そして、東京湾アクアラインから今回の都市再開発と公共事業の再編・強化まで、それが国の財政にどんなに大きな打撃になるのか、これら大企業や本部は知らぬふりである。

もちろん、こうした人形芝居の舞台回し役は国土交通省をはじめとする関係官僚の一人ひとりだった。政官財の都市の私物化、財政の私物化には限りがない。

第五章　翻弄される人々と町

光と影——東京・秋葉原

小泉内閣の「都市再生体制」のもと、デベロッパーがにわかに活気づいてきた地域もあれば、そのあおりで悲鳴をあげる地域もある。

この章では、そうした地域を訪ねるとともに、具体的な例をもとに日本の都市計画・建築行政の不条理を検討する。あわせて、「二〇〇三年問題」という言葉で象徴されるオフィス・ビルやマンションの過剰問題もみることにしよう。

都市再生本部が第一次「都市再生緊急整備地域」の一つとして東京都内で七ヶ所を指定した際に、「秋葉原・神田」が入っていたことに都民の多くは、「なぜ」と首をひねった。

そこで現地に行ってみると、世界的にも知られた秋葉原の電気街とJR秋葉原駅に挟まれた広大な更地にブルドーザーが激しい騒音と振動、それにホコリをまきちらして動き回っている。

ここには東京都の神田青果市場跡地と旧国鉄貨物駅の跡地、それに建設最大手の鹿島がバブル時代からダミーを使って地上げをしてきた民有地などがあった。東京都は一九九〇年後半から、汐留シオサイトと同じように、都民の税金を使い大規模な区画整理を行なってきた。しかし、秋葉原駅のすぐ西側に広がるこの地域をどのようにするかは決まっていなかった。

事態が動き出したのは石原慎太郎知事が登場してからである。東京都は二〇〇〇年七月、「産業振興ビジョン」を発表し、副都心などとは別に秋葉原地区を東京都の「新拠点」として、日本の「シリコン・アレー」にすると位置づけた。シリコン・アレーとは、米ニューヨーク市のネット関連産業が集まっている場所のニックネームをまねたものだ。

それからの動きは速かった。石原知事は同年一二月に発表した『東京構想二〇〇〇――千客万来の世界都市をめざして』で秋葉原地区を「IT産業の世界的な拠点」にすると宣言した。二〇〇一年三月には、この構想をより具体化した「秋葉原地区まちづくりガイドライン」が発表される。

「鹿島タウン」

同年一二月には、このガイドラインにそって、東京都は「秋葉原ITセンター」構想を発表し、神田青果市場跡地など都有地一・五七ヘクタールについて事業計画と買い受け予定価格のコンペを公募し、一三のデベロッパー・グループが説明会に集まった。

しかし、翌年一月末の締め切りに提案を提出したのは鹿島グループだけで、同年二月には、鹿島グループが四〇五億円で取得した。

都市再生本部の「秋葉原・神田」には、東京都の「秋葉原ITセンター」構想がそっくりそのまま採用されていた。石原都政が都市再生本部の先導役を担っている構図がみられる。

鹿島グループが落札した土地には、地下二階・地上二九階のビル(延べ床面積四万七〇〇〇平方メートル、大阪市のデベロッパー、ダイビル所有)と地下三階・地上二一階(延べ床面積一四万平方メートル、鹿島、NTT都市開発の共同所有)の二つの高層ビルが建つ。

その北では、鹿島が地下一階・地上四〇階建て、戸数三一九の高層分譲マンションを建設中だ。マンションは二〇〇四年九月に竣工予定である。二〇〇五年には、現在JR秋葉原駅の東側で駅舎建設が進んでいる「つくばエクスプレス」(常磐新線)が開業する。ITセンターがすべて完成する二〇〇六年一月には、秋葉原の西口には石原知事が目指した「世界のIT拠点」が誕生する。

しかし、周辺地域の声は複雑だった。「活性化につながれば」という歓迎の声がある一方で、「冷蔵庫からパソコンまで値切って買えるバザール的な雰囲気が壊れてしまう」という危惧の声も聞かれた。それでなくても都心や郊外に展開している量販店に押され気味の電気街は神経質になっている。「なぜ、この町に高級分譲マンションなのか、よそ行きの町になってしまう」という声もあった。

そしてもっとも複雑な表情だったのは、ここに住み、商売を営んでいた地権者や借地権者だ。

超高層マンション・ビルの建築が進んでいる一角で電気商を営んでいた五〇代後半の男性は

言った。

「結局、この一帯は東京都や千代田区と結託した鹿島にやられましたね。鹿島のダミーが毎日のように押しかけて来るものだから音を上げ、借地権を売ってしまった。当時は確かに相当なカネをもらったと思って、マンションを買って引っ越したけど、カネは七、八年しかもたなかった。それからは警備員の仕事で食いつないでいる。マンションを売って、故郷の広島に帰りたいが、マンションの値段は当時の四分の一の価格にしても売れないね」

小柄でやや猫背の男性の目には怒りとあきらめの色が濃かった。

そして、JRの線路の南側も地上げが吹き荒れた。

南側を東西に走る昭和通り周辺は、「私がここへ嫁にきた三〇年前は、いえ、バブルの前まではラシャ屋さん、つまり男物の洋服生地の問屋さんや専門店の町でした」と話すのは、東京都千代田区岩本町の小山みつ子さんである。

二〇〇軒ほどあった低層のラシャ屋さんは、バブル時代の地上げでほとんど姿を消して、いま残っているのは六軒だけだという。わずか十数年前までの繊維と関連商店の町はいま一〇階前後の中小ビルに覆われている。

「あるラシャ屋さんは三〇億円もらって町を捨て、近所の豆腐屋さんが一〇坪の土地に三億円もらった、などのウワサ話が飛び交って、町中が騒然としていました」

夫が看板制作業の小山家にも、地上げ屋が訪れ、立退きを迫ってきた。江戸時代から住み続けてきた小山家は、立退きを拒否したが、こんどは銀行が表に出てきて、このままでは相続税はおろか固定資産税も払えなくなる、と脅したという。

「おカネはいくらでも貸しますから、ビルを建てて税金対策をしないと危ない。このままだと高額の税金が払えず、土地は政府に取り上げられるのがオチですよ」

狂乱地価がピークに達していた一九九一年のことである。実際は、急激な下落に向かう前夜だったのだが、町の人々はだれもその危険を知らなかった。

将来の不安にとらわれた小山家は、経済企画庁の「東京にはオフィス床が絶対的に足りない」という発表を見せられて、隣接の土地所有者二人と合わせて三軒で二六〇〇平方メートルの土地に九階建てのビルを建てた。小山家は九階に住むようになった。

ビルのドミノ現象

ところが、経済企画庁は、そのビル床予測は一桁違ったと「下方修正」する。そして、バブルの崩壊が明らかになってくる。

大塚雄司元建設大臣が、二〇〇二年暮れのある住民集会で、「経企庁は、桁が間違っているのを知っていながら発表したのだ」と語るのを聞いて小山さんは仰天した。

小山さんたちのオフィス・ビルは、地続きである大手町にある大手企業群の子会社などの入居で生活の辻褄をどうにか合わせてきたが、この数年は将来に対する不安を強く感じるような出来事が続いているという。

企業のリストラが激しさをましている。いくつかのビルにばらばらに入居していた企業が大手町周辺の新しい大型のビルに集約され引っ越していく。ビルの空き室が激増し、賃貸料も大幅に下がっている。地価の下落と反比例するように上がった固定資産税にも苦しめられた。

自殺者の話も聞こえてきた。昨日まであいさつを交わしていた近隣のビルのオーナーが突然、姿を消して、債権者が押しかけきたといった悲惨な例も見聞するようになった。

最近、さらにショッキングな話を小山さんは耳にした。数年前に小山さんの持ち分の三フロアを借りていた大手金属企業の子会社がより安い賃貸料を求めて横浜市に引っ越していった。ところが、最近、同社は大手町の再開発ビルに集約されて再度引っ越してきたという。賃貸ビルの間で中小のビルから再開発ビルへという大移動が起きているのを実感している。

確かに、再開発ビルの急増で、こうした条件のいいビルの賃料も驚くほど安くなっている。ビルの賃料下落のドミノ現象が起きているのだ。この問題はこのあと詳しく検討する。

「ここに住み続けるための税金対策としてビルを建てたのに、そのビルが生活に暗い影を落としている。うちも二〇年だったローンを三五年に組み替えてもらった。子どもたちの代まで払わせることになる」

二〇〇三年の春から、小山さんは「千代田区中小ビルオーナー連絡会」をＮＰＯ法人として立ち上げるために活動を始めた。

二年ごとの賃貸契約の更新時などに、入居企業が撤退することになれば、規模にもよるが、数百万から数千万の保証金を、当然のことながら、すぐ返却しなければならない。以前だったら、後続の入居者がすぐ決まったから、右から左への資金操作ですんだ。しかし、近年は、つぎの入居者が決まるまでの時間が延びてくる。けれども銀行の中小企業者に対する貸し渋りは日常茶飯事で、保証金をおいそれと返せなくなっている。

ムシロ旗でも立てたい気分だ、という小山さんの意見はこうだ。

「私たちはまず、そのつなぎ資金を区なり、東京都なり、あるいは国で面倒をみてくれる制度が必要なのです。あるいは、中小ビルのオーナーどうしの保険制度を立ち上げることができるようにしなければいけない。無理な話でしょうか。大手には大きな保障制度がある、中小にはない、でいいのですか。このままだと、中小のビルはばたばたと倒れていきますよ」

ある日、突然に——東京駅八重洲口

東京駅八重洲口から外堀通りを隔てた日本橋・京橋・八重洲地域に、中央区から再開発の意向が本格的に伝えられてきたのは一九九〇年代末だった。各地で区の説明会が開かれ、都市再開発法や都市計画法の解説があり、旧建設省の外郭団体が策定した再開発計画などの説明があった。広い範囲が対象で、住民の多くは切迫感を持たなかった。

しかし、都市再生本部が発足した二〇〇一年になると、中央区は突然、日本橋の一部と、東京駅八重洲口前の八重洲地区を市街地再開発のモデル地区に絞り込んで本腰を入れてきた。

二〇〇三年二月初旬に非公開で開かれた「日本橋東京駅前地域懇談会（検討会）」に提出されたという案によると、まさに大事業だった。

まず、昭和通りの地下を走っている都営地下鉄浅草線を日本橋駅と宝町駅の中間で曲げて東京駅の八重洲口駅前広場の地下でJR東京駅と接続し、そこに「世界の玄関口としてのグランドステーション」をつくる。

同時に、八重洲地区の東を走る首都高速道路環状線の江戸橋ジャンクションと神田橋ジャンクションの間の高架橋を撤去する。その代替高速道路として、江戸橋ジャンクションから西に地下を走る首都高環状八重洲線を通り、途中で枝分かれさせて地下鉄の東京駅接着用の地下鉄トンネルとほぼ平行した地下高速道路をつくり、グランドステーションの手前で再び東に向かい環状線に戻って接続する。バイパスづくりである。

噴き出す疑問

こう書くと土地勘のない読者には非常に複雑に聞こえるかも知れないが、二つの大工事の狙いは比較的に簡単である。

はじめの都営浅草線の東京駅への引き込み案は東京駅と羽田空港をよりスムーズに結ぶのが狙いである。浅草線は羽田空港につながる京浜急行と相互乗り入れをしているので、東京駅に接着できれば、現在のように浜松町駅でモノレールなどに乗り換えずに、同駅から浅草線に乗り換えて直接、羽田空港に急ぐことができる。

首都高のバイパスづくりのほうは、こうだ。現在の首都高環状線が「お江戸日本橋」と歌われた東海道五十三次のスタート地点である同橋を横断していて景観を台無しにしている。そこで、その首都高速道路の高架道路を撤去して、回り道をつくるという仕掛けだ。

地元の人々に聞くと、自分たちの生活、人生、地域に大きく影響する疑問がたくさんあるという。

例えば、地下鉄の引き込み線でできるグランドステーションや高速道路の迂回路は地下五〇メートルというのが中央区の説明だ。しかし、首都高八重洲線は昭和通りの地表から比較浅いところを通過している。どのようにカーブさせても、掘り下げていくためには周辺のビルの地下部分が邪魔になるはずである。

例の「日本橋東京駅前地域懇談会（検討会）」で示された資料によると、確かに、首都高のバイパスづくりは「開削区間となる八重洲地区は、都営浅草線の東京駅接着線、及び周辺地区の再開発と一体整備を行なう」と書いてあった。

「中央区はいつでも上から計画案を下ろしてくる。民意を聞くふりをしながら、実際には住民の声を十分に聞かずに先へ先へと急ぐ」「区はいろいろな名前の組織をつくるが、どれも説明会だ。一方的に説明して終わりだ」「自分たちのことは自分たちで決めたい」「これでは昔の西部劇映画だ。自分たちは絶滅されるインディアンだ。西部劇では武器は銃だが、再開発ではブルドーザーだ」

周辺住民たちの間からはつぎつぎに区に対する不満と批判が飛び出している。

名門学園からの請願書――東京都港区麻布

東京都八重洲口のような知られているような場所ではないところも、都市再生体制の餌食になるところが各地に出ている。東京でも指折りの静かな学園と高級マンションの街と知られる港区・麻布の鳥居坂周辺もその一例である。

港区議会建設委員会は二〇〇三年三月五日に、学校法人東洋英和女学院の亀徳正之理事長（当時）ら一七一八名の署名を添えた「「（仮称）鳥居坂西地区計画」に関する請願」を採択した。

請願書は、この計画については、「周辺の環境や居住者並びに関係者の意向に十分配慮するとともに、拙速に、都市計画決定を下さないように」行政当局に要望するように議会に要請していた。

請願書はいう。

「本学の所在する港区鳥居坂界隈は、明治一七年本学開校以来、約一二〇年の長きにわたり、東京の乱開発から免れ、東京都心部にありながら、緑多い文教地区としての品格を保ち、歴史的文化的遺産ともいうべきである」

ところが、同学園や周辺の高級マンション街に二〇〇二年秋に衝撃が走った。同学園から鳥居坂を挟んだ、つまり学園の西側の地域に、森ビルが超高層ビル建設計画を東京都に提出したという情報が流れたためだ。

学園も周辺のマンションも高さを低層から中層に抑えて美しい街を守ってきた。その地域に高さ一六〇メートルのオフィス・ビルと高さ一九〇メートルのマンション棟、それに低層のホテル棟を建てるのだという。

森ビルから提出させた資料には、事業手法として「再開発地区計画」または「都市再生特別地区」を採用するとし、「特別地区」の場合は、①容積率割増、②用途規制緩和、③日影規制や斜線制限の緩和、などが可能になると記してあった。

東洋英和女学院の請願書は続ける。

「森ビルは、計画の目的として、「歴史的資産や緑の保存、回復と都市機能の融合を図り、文化性、国際性豊かな格調高い街づくりを行なう」としているが、森ビルが抽象的に謳うような理想的な状況が実現されることは予想できない」

周辺住民たちは「森ビルは美辞麗句を並べているにすぎない。この計画が実施されたらこのへんの景観や住環境は一気に破壊されるのは明らかだ」と憤っている。

水面下の攻防

学園の請願書は、①巨大超高層ビルの建設により、人や車の往来が激増し、静かな環境が破壊されるばかりでなく、生徒・児童の通学の安全が脅かされる、②学園は大変な圧迫感を受け、風害なども懸念される、③学園の面する鳥居坂の歴史的、文化的遺産ともいうべき景観が大きく損なわれる、などの点を指摘して、こう結んでいる。

「よって、本学としては、森ビルが本計画を撤回するよう粘り強く反対をしていく所存であり、森ビルに対し、すでに反対の意思を表明した」

周辺住民たちの話では、住民たちの多くも森ビルに対して、内容証明郵便などを送り、計画の撤回や変更を求めているという。

学園や住民と森ビルの間で水面下の激しいやりとりが続いている。港区議会が学園の請願書を採択した前後に、周辺住民に再び衝撃が走った。森ビルは、学園からもっとも離れた、計画敷地の西端近くに、二棟を一棟に変更した計画を出してきたという情報が流れた。

交渉の内容を知る住民のイラスト入りの情報メモは、こんどは高さ二〇〇メートル、地上四六階建てのビルを建てる代案が出てきたことを明らかにしていた。地上三二階までは店舗とオフィス床、それから上はマンションだという。

外国暮らしの経験のある住民の一人は、情報メモを示しながら、こういった。

「二棟だろうが一棟だろうが、超高層ビル建設がこんなところに許されていいのだろうか。都市再生というけれど、日本の都市計画は都市破壊に突き進んでいる。違法をつぎつぎに合法化してきて、小泉政権は、ついに何でもありにしてしまった。もう無法状態だ。この計画を撤回させることができるかどうか、日本の民主主義が問われている」

二〇年の闘い——横浜市戸塚区

都市再生本部が「都市再生緊急整備地域」に指定した地域の中にはこれまで立ち往生するか、あるいは破綻寸前となっていた駅前再開発が多く含まれていた。本部は、そうした再開発を再起動させようというのである。その一例を、一棟の再開発ビルとしては日本でも最大級の例を訪ねてみよう。

ＪＲ東海道本線の普通電車で横浜駅から三つ目の戸塚駅で降り、西口に出る。目の前はどこにでもある商店街だ。ラーメン屋、書店、文具店、靴店、食肉店など二階建ての商店がずらりと並んでいる旭町通商店街だ。

道なりに左に曲がっていくと突然ジュラルミンと透明のプラスチックの壁に囲まれた広い更地にでる。壁のなかでは黄色いブルドーザーが動き回り、「戸塚西口第一地区第二種市街地再開発事業　仮設店舗整備等事業」という看板がかかっている。

都市再生本部が二〇〇二年七月二日に、この再開発事業を含む第一次「都市再生緊急整備地域」の指定を発表すると、施工者の横浜市は同月二七日にはさっそく地元で「事業提案説明会」を開いた。

「戸塚駅の東西出口における再開発事業が浮上したのは、今から四〇年も前の一九六二年三月だった。東口再開発が先行したが、西口の再開発事業が都市計画決定された一九九四年一〇月からでも八年近くたっている。

横浜市は都市再生本部の申し子のような動きをとってきた。再開発の対象地域は四・三ヘクタールだ。当初は四〇〇人ほどいた地権者や借地権者は、その半分ほどが買収などに応じて二〇〇三年春には二〇〇人余になっている。

再開発事業を始めるには、営業中の商店を仮店舗に移さなければならない。横浜市はその仮設店舗の建設に都市再生本部がお気に入りのＰＦＩ制度を導入することを決定した。

地権者を驚かせたのは、横浜市がなんの相談もなく突然、この再開発事業本体に、都市再開発法の「特定施設建築物制度」を導入すると発表したことだ。この制度では、施工者の横浜市に代わって民間事業者が再開発ビルの建設を行なうことになる。

まさに都市再生本部のスローガン通りの民間活力の活用だが、地権者たちは、「横浜市は責任を放棄して、民間業者に事業を丸投げした」「今後はだれと交渉すればいいのだ」と怒り、混乱した。

ここでも横浜市の魂胆はよく見える。この制度ではまた、民間業者が「保留床」を取得することになっている。再開発の建設費用は、低層の商店街を高層化して、増えた床の相当部分を保留床として売却してまかなう。ところが、バブル崩壊以後は地価の下落が続いているので、着工前に設定された高い床価格では売れず、したがって大赤字になるという事態が全国の再開発事業で続発している。横浜市にしてみれば、事業を業者に丸投げすることによって、保留床が売れないという場合の責任を避けることができるのだ。

ところで、再開発地域に残っている商店を収容する四階建ての仮設店舗は二〇〇三年一〇月の完成予定だが、同年の三月になっても、地権者と横浜市の仮設への移転交渉が難航していた。

仮設店舗への入居は開発ビルへの入居を条件としているうえ、多額の保証金を払わなければならず、再開発ビルへの入居を拒否すれば、保証金は返ってこない。しかも、いまだにキーテナントが決まらず、再開発事業の採算がとれるのかどうかも不明だというのでは、再開発ビルへの入居を決断するのは難しい。

さらに、横浜市が提示している商業権利床の坪(三・三平方メートル)単価の概算二六〇万円では高すぎて採算がとれない不安もある。

対象地区で最大の地権者である株式会社ウイズの森本剛志社長はスーパーマーケットと洋品店を経営し、マクドナルドに用地を貸している。

「横浜市は、キーテナントとして再開発ビルの地下一階にジャスコや西友などの全国スーパーが出店することを想定している。私のスーパーはその隣りだという。品揃えといい価格といい初めから勝負にならないのは目に見えている」

しかも、四・三ヘクタールの再開発地域のなかに地下三階・地上六階の複合ビル一棟に、文化ホールや区役所まで詰め込み、住民の要望のつよい周辺道路やバス発着所も整備しなければならない。その結果地権者の減歩率は五〇%を超える。したがって、再開発ビルに入居しても、地権者の新店舗は従前の店舗よりはるかに小さくなる。森本社長はいう。

「再開発ビルに入居しても、商売にならず、死ねといわれているようなものだ」

まったくの偶然だったが、ＪＲ東京駅前の八重洲地区で聞いた地権者と同じような嘆きのたとえ話を森本社長が口にした。

「私たちは西部劇映画のインディアンだ。横浜市という騎兵隊がやってきて私たちを追い払うか殺す。そのあとに白人がやってきて牧場をつくり建設費を稼ぐ。その後には白人の金持ちの牧場主がやってきて安く手にした土地でもうけ仕事を始める」

「道路やバスの発着所はいい。少なくとも対象地の半分は事業者に売り戻して、低層のしゃれた商店街として復活させようという代替案を出している。しかし、横浜市は一切聞く耳を持たない。私たちは不当な計画がこのまま続くなら最後まで抵抗する」

土地はタダ――秋田県大館市

秋田県北部の大館市は、冬の風物詩であるかまくらやきりたんぽが有名で、ＪＲ渋谷駅前の銅像で知られる忠犬ハチ公の故郷でもある。人口が六万六〇〇〇人余りの市の中心市街地は元気がない。

同市の繁華街である大町中央通りで江戸時代末期から営業を続けていた百貨店の老舗「正札竹村」が二〇〇一年七月二日に倒産したからだ。それから一年半たっても、さびたシャッターが下りたままだ。豪雪地帯によく見られる雁木の下を歩く人々の姿もまばらである。

市の商工課によると「正札竹村のビルはタダにしても引き受け手は現れないでしょうね」という。ある洋品店主によると、正札竹村の倒産は中心市街地の空洞化に拍車をかけたという。

「この町はジリ貧だ。安楽死ならまだいいけれど、もがき死にだね。「正札竹村」はあのまま買い手がつかないと、町の衰退のシンボルになってしまうね。ウチの店は客が一人も来ない日がある」

「土地はタダってことか」と大館市民を嘆かせたのは二〇〇二年夏のことだ。厚生労働省の外郭団体である「雇用・能力開発機構」が市内の真ん中にある旧大館城に保有していた五〇メートル、八コースのプールを消費税込みの一万五〇〇〇円で市役所に売ったのだ。信じられないだろうが、本当の話である。

同時に、市は同機構から多目的室付きの一五五〇平方メートルの体育館「サンアビリティーズ」も一〇万五〇〇〇円で購入した。中央公民館とつながっているこの施設は市民がよく使っている。

一方、大館商工会議所は、隣接する五階建ての「大館共同福祉施設」を同機構から消費税込みの一万五〇〇〇円で買わないか、と持ちかけられたが断ったという。関係者の説明はこうだ。

「再開発にでも使うという企業でも出てくれれば、転売するのだが、そんなビル需要はない。維持費ばかりかかるから断ったと聞いている。地価があってもなきがごときだが、固定資産税だけはかかってくるしね」

大館に限らない。特殊法人改革の一環で、雇用・能力開発機構は失業保険の掛け金を勝手に使って建てた各種施設二〇〇〇ヶ所以上を全国の自治体に買収するように持ちかけているが、何百億円、何十億円も使って建てた建物を売買価格は消費税をいれて一〇万五〇〇〇円などで売るというのが多い。鹿児島県の川内市などは、勤労者体育センターを同機構から一〇五〇円で手に入れている。民間会社なら、経営者はすぐにクビで、特別背任罪など刑事事件として起訴されるだろう。

東京圏では地価が下げ止まったかにみえるが、全国的にはバブル崩壊以後の下落はとめどもなく続いている。土地の利用価値がほとんどない地方が広がっている。大館市の商店主がいったように、小泉内閣のもとで地方は「もがき死に」させられているのかも知れない。

長谷工が来た

都市再開発による高いビルはなぜ悪いか。ここまで町の存亡にかかわる論点として各地をみてきた。しかし、それは読者の町でも隣りでも起きる。どのようにして起こるか。また、それと私たちの生活はどのように関係するか。ここではそれをみてみよう。

第一章の冒頭で紹介した東京・世田谷区と目黒区の境界にある都立大学理工学部跡地に戻ろ

う。

問題の発端は、石原知事の率いる都庁が都立大学跡地(面積は三万九四二一・四七平方メートル)を二〇〇一年一月に一般競争入札にかけたことである。都がつけた参考価格は一九〇億円だった。

入札終了後に直ちに開札が行なわれ、マンション建設業界では最大手の長谷工コーポレーションと日商岩井不動産、ニチモ、トータルハウジングなど不動産会社の計八社が共同で落札した。

長谷工グループの入札価格は二六五億円と参考価格を大幅に上回るもので、二番札は大京グループの二一〇億円、それにつぐ野村不動産グループは二〇八億円だった。

同年秋に世田谷区深沢と目黒区八雲で行なわれた長谷工の説明会は紛糾した。跡地の周辺は、大部分が高さ制限一〇メートルの第一種低層住居専用地域か、高度制限一二メートルの第二種低層住居専用地域で、二階建ての戸建て住宅が支配的な都内でも有数な低層優良住宅地帯である。

ところが長谷工が示した設計図は、高さ六〇メートル、一九階建てを中心に敷地いっぱいに合計八棟(合計戸数約八〇〇)のマンションを壁のように建てめぐらすというものだった。驚いた住民たちが、周辺の住環境に調和するように計画の変更を要求したのに対し、長谷工の社員たちは平然と言い放った。

「敷地内部の私権に係ることであり、本計画は隣接住民の日常生活に大きな支障をきたさないと判断している」

つまり、跡地は長谷工グループが買ったのだから、何を建てても住民は文句をいうな、といわんばかりである。あとは、計画は合法的だの一点張りだった。

「違法」をめぐる争い

公正のためにつけくわえると、筆者たちはこの長谷工計画を周辺の住環境に適合するように設計変更を求めて運動している住民組織の顧問をつとめている。

長谷工計画が周辺の住環境や景観を半永久的に破壊するというほかに、住民が問題にしている理由をみてみよう。

・長谷工は、「都民の健康と安全を確保する環境に関する条例」(環境確保条例)の土壌汚染規制によると、二四項目の有害化学物質を調査しなければならないのに、そのうち毒性が強く容易に分解しない重金属など三種類と揮発性有機化合物一種類を調査せず、また東京都はそれを知りながら検査完了のお墨付きを与えた。

・計画敷地の東側や西側に、道路や跡地の境界未確定地がある。したがって、道路の位置や幅員が確定していることが前提になっている「一団地認定」や「建築確認」は違法である。

・現在の放射線障害防止法など関連法規が一九六三年に施行されるまでは、放射性物質の厳格な管理は行なわれていなかった。このため、同年以前に放射性物質の実験を行なっていた西東京市の東大核研、慶応大、防衛大などの類似の施設での調査で現在の規制値を超える放射性物質が検出され、現在の関係法規にしたがって安全に処理された。

都立大理学部でも関連法令施行以前も放射能実験が行なわれており、跡地の土壌が汚染されている可能性がある。この問題は二〇〇二年の日本原子力学会総会、同年の日本学術会議のシンポジウムでとりあげられた。

・世田谷区環境審議会は二〇〇二年一一月、長谷工に対して、世田谷区内で完成している圧迫感が強い複数のマンションにくらべても、「当該計画によって生じる圧迫感はこれまでに経験したことのない大きなもの」であると結論し、「自発的に形態率の低減をはかる」、つまり計画を縮小すべきだという「意見書」を送った。長谷工がそれを無視したのは「不当」である。

なお、「形態率」とは魚眼レンズで建築物の天空写真を撮り、その建築物が写真に占める面積比として表し、圧迫感を計測する手法である。建築計画についてはコンピューターでシミュレーションすることができる。

腐敗の構図

こうした反対理由があるのに、なぜ長谷工の計画は進むのか。住民たちはもちろん法的な救済措置も求めた。

住民たちは都知事に対して行政不服審査法によって、不十分な調査しかしていない承認は「環境確保条例」違反だとして取消しを求める異議申し立てを行なった。しかし、都知事は住民の訴えをいわゆる門前払いにした。被害が起きるとしても開発行為が実施されてからで、承認を与えたことで住民たちに直ちに被害が起きるわけではない、という理屈である。

環境確保条例では、業者による汚染化学物質の調査を承認するのは都知事であり、その取消しを求める異議申し立てを審査するのも都知事である。つまりここでも被告人と裁判官が同一人物であり、法の公正をあざ笑うシステムになっている。

長谷工のやることなすことすべてが住民たちの理解を超えた。住民たちが東京都に通報するまで、長谷工は「環境確保条例」の手続を取らずに二〇〇二年初めには解体工事を始めようとしていた。

跡地は住宅地のど真ん中だ。住民たちは、解体工事をやるならせめてコンクリートにドリルで穴をあけて膨張材を流し込む静的破砕法を採るように要求したが、数台のジャイアント・ブレーカーで周辺に耐えがたい騒音、振動、ホコリをまきちらして解体工事を強行した。住民が抗議するまで、ホコリ防止のために家庭用ホースで水をまくだけで洗濯物も干せない日々が続く。全体で四ヘクタールもある現場なのに、騒音・振動計は一台しか設置しない。

解体工事は六ヶ月の予定だったのに、時間を短縮して半分ほどでやってのけようとしたため、住民たちが受けた工事公害はそれだけひどくなった。

反対運動が始まると、リーダーと目された住民のところへ、「開発推進部」なる組織の幹部社員が現れ、「三〇〇〇万か、五〇〇〇万か」などと買収工作と取られても仕方ない行動にでる。数人の社員が周辺の住宅に押しかけ、解体工事や工事を認めさせるために、工事協定を結ぶように迫り、断ると恫喝、脅迫を始める。幹部社員が住民を大声で恫喝している声がテレビで流されても一向に不当な行動を改めない。

抗議の立て看板や横断幕は、社員や警備員がとり付けたヒモをカッター・ナイフで切ってまわる。

世田谷区の環境審議会が長谷工計画の審査を続けてまだ結論もでていないのに長谷工は計画を急ぎ、開発許可、一団地認定、建築確認など高層ビルを建てるための各種の許認可をどんどんとって二〇〇二年夏には工事に着工した。

そのうちに長谷工の工事に苦しめられている各地の住民たちと連絡が取れるようになり、調査してみると、長谷工は工場、企業の寮やグランドなどの大きな跡地を探して、どこでも同じような大規模なマンション建設をしゃにむに進めていることがわかってきた。なぜそんなに建てるのか。

その理由も次第に明らかになってきた。同社はバブル時代に投機に走り、膨大な赤字を抱えていたので、二〇〇〇年と翌年に支援金融機関から合わせて三五四六億円もの債権放棄を受けた。しかし、赤字の削減はあまり進まず、二〇〇二年六月には国土交通省からゼネコンとしてははじめて産業再生法の認定を受けた。これは残っていた巨額債務のうちさらに一五〇〇億円を株式化して主要支援金融機関の大和銀行(当時)、中央三井信託銀行、みずほコーポレート銀行に引き取ってもらい、株式の登記税を軽減してもらうなど同法による優遇策を受けるという狙いであった。

債権放棄を受けた代償に「再建計画」をのみ、利益をあげる約束をしなければならない。また産業再生法の適用を受けたため、二〇〇二年三月期に比べて二〇〇五年三月期には従業員一人当たりの営業利益などを三〇%ふやすという「ノルマ」が課されるのである。仕事が順調に進んでいる場合には、これも可能かもしれない。

しかし、長谷工は常磐新線の開通を当て込んだ千葉県野田市内の区画整理事業でも赤字を分担しなければならない。あるいは長野県蓼科山の中腹で計画していた二八五ヘクタールにもおよぶ別荘開発の水源に予定していた同県のダム建設計画が田中康夫知事の「脱ダム宣言」でご破算になるなど山ほど不良開発を抱えていた。

長谷工は明日倒れないためにも今日をひたすら走り続けなければならない。だから、できるだけ大規模な跡地を探して、不動産会社と組み、大規模なマンション建設をできるだけ急いで施工して利益の拡大に走った。もっといえば、借金を増やせば増やすほど銀行もつぶしにくいだろうと考えたのかもしれない。それで周辺住民の日常生活の破壊など眼中になかったのだ。長谷工が施工している物件のなかには、東京建物、有楽土地、新日鉄都市開発などと組んで横浜市戸塚区で行なっているマンション開発のように、合計一五〇〇戸と首都圏最大規模のものまでふくまれている。

しかし、こうした事態がわかってくるにしたがって、住民たちには割り切れなさがふくらんできた。税金投入を受けた金融機関が巨額の長谷工の債権放棄をしたのは、間接的に住民たちの税金が長谷工の投機の尻拭いに使われたということではないか。支援金融機関が債権放棄や株式化された債務を合計で五〇〇〇億円も引き受けたのは、長谷工の投機に貸し込んだ自らの責任を覆い隠すためではないか。旧建設省出身の官僚の天下りが社長をやっているから国土交通省は産業再生法の適用という便宜をはかったのではないか。

そして過大な「ノルマ」を背負い込んだ長谷工が建てまくる膨大なマンションが、マンション過剰時代にまもなく不良債権化する。米政府当局者は、日本に対してサジを投げているようだ。米国の新聞でも膨大な不良債権を抱える「ゾンビ企業」という言葉が使われるようになった。日本の当局は、その「ゾンビ企業」の法的処理すらしないからだ。

無視される住民の人権と権利

都立大学理工学部跡地問題をやや詳しく述べてきたのは、長谷工ほどではないにせよ、多くの国民が似たような建築公害に苦しんでおり、その問題点を浮き彫りにしたかったからだ。

まず、騒音や振動の問題がある。国の「騒音規制法」では建設騒音を敷地境界で八五デシベルまで認めている。これは地下鉄や電車の車内の八〇デシベルを上回る。

しかし、例えば「東京都公害防止条例」によれば、住宅地である第一種と第二種の低層住居専用地域では昼間の騒音規制基準は四五デシベルである。四〇デシベルとは市内の深夜や図書館であり、五〇デシベルは静かな事務所、六〇デシベルでも普通の会話のレベルである。

振動はどうか。「振動規制法」による規制値は七五デシベルである。七五デシベルから八五デシベルになると、家屋が揺れる。「東京都公害防止条例」によれば、住宅地の振動規制基準は昼間でも六〇デシベルだ。五五から六五デシベルで、静止している人にだけ感じるという。

建築公害規制に関する各国の法制を詳しく調べるのは筆者たちの課題としたいが、いずれにしても、すぐ思い至るのは住宅地に巨大建築物を許さない欧米のような厳格で合理的な都市計画があれば、はじめから建築公害などは起きないということだ。

都立大学跡地にしても、そこに大学があったからこそ高層マンションの建設が可能な第一種中高層住居専用地域に指定されていたのだ。したがって、大学が一九九三年に八王子に移転した後、世田谷区はこれを、周辺と調和する第一種か第二種の低層住居専用地域に指定替えすべきだったのにそれをサボった。

そしてあろうことか、世田谷区は二〇〇三年に始まった用途地域の見直しにあたって、問題の跡地に新たに高度制限をかけることにしたが、それがなんと四五メートルと周囲とはかけ離れて高い案になっていた。

それに、「一建物・一敷地の原則」(単体規定)となっていて、通常ならこれほど高層で大量のマンションは建たない。しかし、第三章で紹介した「一団地認定制度」が乱用された。さらに、これも紹介した「共用部分の不算入制度」の乱用があって、高層マンションが八棟も計画されるという巨大計画が強行されているのだ。

こうした巨大計画は、周辺住民の生活破壊、地域の破壊、そしてここでは駒沢公園の破壊をもたらす。こうした不条理が起きないようにするためには、現在の都市計画に関する法律の多くを変えなければならない。この重要な問題は第六章で検討しよう。

二〇〇三年問題

すでに第一章でみたように、東京都心で二〇〇三年に大規模オフィス・ビルやマンションが一斉にオープンする。明らかに供給過剰であり、オフィス・ビルの空室率が上昇し、賃料が下落する危険がある。それを不動産業界で「二〇〇三年問題」と呼び、マスコミでも取り上げられて、いまや「お茶の間の言葉」になっている。

実態はどうなのか。オフィス・ビルからみよう。森ビルの調査によると、総床面積が一万平方メートル以上の大規模オフィス・ビルが二〇〇三年中に東京二三区内だけで四〇棟竣工する。新規供給の合計床面積は二一八万平方メートルで、二〇〇二年九月にオープンして話題を呼んだ東京・丸の内の新丸ビルの一四棟分にも相当する。東京ドームの四六倍と聞けば問題の大きさがわかる。これはバブル時代の建築がつぎつぎと竣工した一九九四年の一八三万平方メートルを上回る。

実は二〇〇三年になる前から、危機は忍び寄っていた。都心二三区の大規模オフィス・ビルの新規供給面積の合計は一九九九年には三六万平方メートルしかなかった。それが二〇〇二年では一一二万平方メートルになっていた。

生駒データサービスシステムによると、東京二三区内の二〇〇二年一二月末の空室率は六・

一％で、前年同月比で一・八％も上昇していた。

これは明らかに供給過剰だ。不動産仲介の三鬼商事によると、二〇〇二年一二月末の都心五区(千代田、中央、港、新宿、渋谷)だけをみると空室率は七・三六％で、前年同月に比べて三・三％も上昇していた。

その結果、都心五区の平均募集賃料は三・三平方メートル当たり一万九三一〇円と前年同期比で三・四四％の低下であり、バブル絶頂期の一九九一年末の水準に比べると五五％も下落している。

証券会社の不動産アナリストたちの多くは、都心五区で空室率が二〇〇三年末には「適正水準」の五％の倍となる一〇％まで上昇するとみている。二〇〇四年以降も、超高層オフィス・ビルの供給は続く。

さらに、ここにきて「二〇一〇年問題」が追い討ちをかけてきた。ニッセイ基礎研究所は「団塊の世代」が退職する二〇一〇年までの一〇年間にオフィス就業者は五％減少し、最悪の場合では新丸ビル二三棟分のオフィス床がいらなくなる、と予測したのである。

建設ラッシュと団塊の世代の退場で、オフィス・ビルはさらに大量の空き室を抱えることは必至である。

マンションにも暗雲

もうひとつのマンションをみてみよう。

建設ラッシュのオフィス・ビルとは対照的に、二〇〇二年のマンションの着工戸数は、一九八三年以来一九年ぶりの低水準に落ち込んだ。

国土交通省によると、同年の全国における新設住宅着工戸数は一一五万一〇一六戸で、前年比一・九％の減で二年連続して減少し、ピークだった一九九〇年に比べると約三割の水準だ。

同省によると、とくにマンションなどの分譲住宅の落ち込みがひどく、前年比で四・四％減の三二万三九四二戸にとどまった。

この数年、大都市圏でマンションの建設ブームが続いて供給過剰になったため、千葉、埼玉、神奈川の各県では建設にブレーキがかかり始めている。ちなみに、首都圏では二〇〇二年秋に、マンションの在庫は過剰水準といわれる一万戸を突破した。

同省では、リストラによる失業率の悪化、賃金やボーナスの切り下げ、健康保険の個人負担増や年金の削減による将来不安などのため、住宅需要は広い地域で冷え込んでいる、と分析していた。

こうした数字をみると、マンションの供給は二〇〇一年ころにピークを打ったという見方もできるだろう。

しかし、東京だけは例外である。マンションは一四・七％増の六万五五五八戸で、戸数としてはバブル時代も含めて過去最大になった。区部全体でも九・〇％の増加だったが、とくに前年に二一・三％減だった千代田、中央、港の都心三区では一万八九九六戸で、六二・二％も急増したことが目立っている。

もっとも、不動産経済研究所の調査によると、東京都区部でも二〇〇二年のマンション価格と契約率はともに弱含みになり始めている。そして、二〇〇三年も工場などの跡地の超大型マンションが牽引役となり、首都圏で前年比一・三％減とはいえ、大量供給が続く。デフレ不況でマンションの購入意欲は減退しており、「供給過剰エリアも続出する」可能性が強い、と同研究所はみている。

不動産業界が望みをつないでいるのは、業界などの強い要望による税制改定で、二〇〇三年四月から三年間に限り、親からの住宅取得資金贈与の非課税枠が、従来の五五〇万円から三五〇〇万円へと六倍以上に拡大することだ。これは平均的マンションの一戸の価格に近い。

業界は「他人の親のスネ」をかじって、マンション・バブルの崩壊を防ごうとしているわけだ。これは政府と業界がバブル期の過剰供給を住宅取得減税の乱発で乗り切ろうとし、それに飛びついたサラリーマンたちがその後のバブル崩壊でローンの支払いに苦しみ、自己破産激増の背景になったことを想起させる。今回も、親のスネの太さにもよるが、自己資金やローンも必要だ。同じような悲劇を繰り返さないだろうか。

もうひとつ、都市計画の視点から問題を指摘しておきたい。大規模マンションの建設を可能にしている工場、倉庫、大学など公共施設、あるいは企業の寮やグランドなどの廃止・移転による大規模跡地の問題である。

都立大学理工学部跡地にしても、またマンション急増で一戸当たり一二五万円の「協力金」を取ることで話題になった江東区にしても、大学や工場の周辺は意外に住宅地が多い。都市計画的には、こうした跡地の用途地域を周辺の住宅と調和する低層住居地域に変更する法的な仕組みをつくらないと、マンションの供給過剰の誘引になるほか、周辺の景観や住環境を破壊し、建築紛争を激増させる原因になり続けるだろう。

危機を加速する都市再生政策

これまでの観察や検討でもはや明らかだろう。東京に象徴されるように大都市圏のオフィス・ビルとマンションは過剰であり、いまのミニ・バブルは早晩崩壊の危機に直面する。

小泉内閣の「都市再生」はこうした過剰をさらに膨らませるもので、都市政策としてはもちろん、経済政策としても明らかに間違いである。

ここで、こうした非常事態の背景をまとめておこう。

筆者たちが前著『市民版 行政改革』で指摘したように、日本は似たような規模の主要欧州諸国とは違った政策をとってきた。これら欧州諸国は手厚い福祉政策と雇用対策を経済の基礎にすえたのに対し、日本は公共事業投資と「国家による地上げ」をテコにした地価上昇を経済成長の重要な柱としてきた。

オイル・ショックをきっかけにして低成長時代に入ると財政は逼迫し、従来のような公共投資は困難になった。すでにみたように、中曽根内閣は「増税なき財政再建」の旗印のもとに福祉・教育などの補助率を大幅に削り、「アーバン・ルネッサンス」と「民間活力の活用」の二大スローガンを掲げて、都市の再開発とリゾート開発に突入し、バブルとその崩壊を招いた。

そして一九九〇年代になると、歴代の内閣はバブル崩壊対策と称して、「財政再建」を棚上げし、補正予算だけでも一〇〇兆円を超す公共投資に走った。政府は自治体に公共事業を加速させるため補助金や地方交付税をつぎ込み、多くの自治体はそれに飛びついた。

その結果、国と自治体は借金漬けになり、国債や地方債の残高は急増し、尋常な方法では返せない水準に達してしまった。近年のインフレ・ターゲット論の横行も、国民生活を破滅させようが、この借金の山を帳消しにしようとする意図が見え隠れする。

いずれにせよ、小泉政権が登場したときには、財政はかってないほど逼迫し、バブルの崩壊に端を発した長期不況が続き、経済は危機的状況に陥っていた。

そこで、小泉政権は中曽根内閣に遡る都市政策と民間活力を経済危機突破の切り札とし、同時に財政規律を回復するための公共事業改革を公約した。

しかし、今回はついに「青天井」に至った容積率の緩和をテコにし、民間の活力(ある米外交官の言葉を借りると、強欲と言い替えるべきだが)に頼った経済政策は、バブルの崩壊が証明しているように、今回も間違っていることはさきに指摘した。

だが、小泉内閣と中曽根内閣の間には大きな違いがある。中曽根内閣は少なくとも当初は公共投資を抑制した。ところが、小泉内閣は初めから「都市再生」の名のもとに、長年の公共投資で疲弊して公共事業どころではない地方を切り捨てて、大都市とその周辺の公共事業計画を再編し、再起動させるために公共事業費を増額してきたのだ。

奇異に聞こえるかも知れないが、事実である。小泉内閣は二〇〇二年度予算で公共事業予算を前年の一〇兆円から一〇%削ったことを誇示した。しかし、同予算を決定した同じ日に二・五兆円の二〇〇一年度補正予算を組み、大半を二〇〇二年度に景気対策として使うことにしたのである。なんのことはない、差し引き一・五兆円の増額だった。

さらに二〇〇三年度当初予算でも公共事業関係費は三・九％減となっているが、低下を続ける労務費と材料費を計算に入れるだけで、塩川正十郎財務相が指摘したように、事業規模は確保できる計算だ。また二〇〇二年度の補正予算で一・五兆円の公共投資が追加され、その大半は二〇〇三年度に使われる。しかも、景気のさらなる悪化から自民党や経済界からすでに二〇〇三年度の補正予算を要求する声が上がっていた。

こうした予算の使い方にも大都市重視の方針があからさまにでている。二〇〇二年度の当初予算でも「都市再生」は最優先で二兆四四四五兆円が計上されていた。また、二〇〇三年度当初予算をみると、予算全体は前年比で微増にとどまっているが、大都市圏の拠点空港整備費が三四％増、三大都市圏の環状道路は一一％増になっている。

こうした支出と不況による財源不足を補うために、小泉内閣は二〇〇三年度予算の編成にあたって、「国債発行額を三〇兆円以下に抑える」という公約を投げ捨て、当初予算では過去最高額の三六兆四〇〇〇億円にのぼる国債の新規発行を決めた。これによって国と地方を合わせた長期債務の合計は一九九三年度末の三三三兆円から二〇〇三年度末の六八六兆円に倍増する。

政策転換のとき

危機からさらなる危機へと転がり落ちる財政対策として小泉政権は、消費税導入の影響を緩和するために設けられた配偶者特別控除制度を廃止して、戦後初めて所得税の増税に踏み切った。家族四人のモデル世帯で夫の給料が年間六〇〇万円の場合は五万四〇〇〇円の増税になる。それにサラリーマンの健康保険窓口の支払いが医療費の二割から三割に引き上げられ、年金給付は引き下げの追い討ちがかかる。経済の最大のエンジンである消費に水を浴びせるわけで、デフレがますます深刻化するだろう。

要約すれば、小泉内閣の政策では、オフィス・ビルやマンションの過剰を加速させて大量の不良債権を発生させ、公共事業の増額で財政の穴を拡大し、国民の負担増で消費をさらに落ち込ませるという最悪の事態を招くことは明らかだ。

戦後の長きにわたって自民党ならびに霞ヶ関の高級官僚と手を結び、都市政策をふくむさまざまな政策形成に大きな影響力を振るってきた日本経団連(旧経団連)は、二〇〇三年一月一日付けで「活力と魅力溢れる日本をめざして」という提言を発表している。そのなかで、社会保障改革の一環として消費税を二〇〇四年度から一六%になるまで毎年一%ずつ引き上げるよう提案した。

旧経団連主唱のもとに行なわれた一九九七年と翌年の大企業と富裕層に恩恵をもたらした減税が今日の税収の落ち込みを招く大きな原因になっている。また、橋本内閣が消費税を三%から五%に引き上げただけで、日本経済は大きな打撃を受けたのも記憶に新しい。

都市政策から税制まで、この国の政官財という権力者グループのやることは不合理を通り越して不条理である。不条理な都市再生というスローガンは、この国のあり方を根本的に考え直す必要を浮き彫りにしたといえないだろうか。

第六章　美しい都市をつくる権利

―超高層ビルに対する完全な抵抗のために―

市民による対抗策

「二〇〇三年問題」の行きつく先が「廃墟」だとしても、私たちはこれを見守るしかないのだろうか。そんなことはない。廃墟を食い止める対抗策をこの章で提示しよう。

筆者たちは第一章を締めくくるにあたり、超高層ビルの乱立に対抗するものとして「美しい都市」を掲げた。それを実現するためには、欧米ですでに成し遂げた土地所有権の一八〇度の転換、つまり土地の所有権は何をしてもいいというのではなく、義務を伴うという原則の確立の必要性もあわせて示唆しておいた。

私たちの「美しい都市」という対抗策は、第五章でみた翻弄される人々と地域、つまり都市を経済的な儲けの対象としかみずに食い物にする一握りの政官財とそれにつらなる人々をのぞいた、ほとんど全部の国民と地域がその原動力となる。

まず美しい都市とは何かからみていこう。

それは単純化していえば、私たちが安らかに生まれ、生き、死ぬことのできる都市である。高層建築物は多くの問題を抱えすぎている。それはデベロッパーやゼネコン、その背後にいる金融機関に投機的な利益への期待を持たせる――それはバブルの崩壊というしっぺ返しを食らうのだが——以外に、市民にはなんの利点もない。

そこで働く人や住む人からみると、高いところに住むという優越感、あるいは見晴らしのよさを求める人間の欲望のごく一部を満たすのかもしれない。だが高層建築物は決して安価ではなく、維持費もかかる。

また、高層化の理由の一つに挙げられるオープン・スペースの創出も人々がつどい、楽しむ魅力ある空間にはならなかった。それどころではない。都立大学跡地の長谷工施工の巨大マンション群が駒沢公園という都民の貴重な共通財産を台無しにしようとしているように、周辺のオープン・スペースに甚大な被害を与えたうえ、私たちの生活や都市景観を破壊する。

高層建築物に覆われた都市に対抗するものが、美しい都市なのである。

美しい都市への準備

世界中にはだれが見ても美しい都市が存在する。ベニス、アムステルダム、パリ、ドイツの諸都市、サンフランシスコ、そしてコンクリートの高層ビルが侵入する前の京都などがすぐ思い浮かぶ。

それらは大小、歴史的な都市と新しい都市、海辺の都市と内陸の都市など、さまざまな性格を持っている。しかし、美しいという点では共通している。

ではその美しさを構成する要素は何か。この問題に正面から取り組み、かつこれをどこでも、だれでも実現できるものにしようと考えたのが、第一章でふれた建築家のアレグザンダーである。美しい都市を観察し、その美しさを構成する要素を二五三の言葉(パターン)で抽出し、それをつないで美しい都市をつくる方法を提案したのである。

アレグザンダーのパターンを紹介しよう。

・「四階建ての制限」――これは第一章でふれた。しかし、第三章でみたドイツの建築制限をみれば少しも突飛な考えではない。四階を超える建築は周辺に被害を与えるうえに、居住者や訪問者の精神にも異常をもたらすようになる。

・「聖なる場所」――「精神的ルーツや過去とのきずなは、自分が住む物理的な世界によっても支えられなければ、維持できなくなる」「聖なる場所の大小にかかわらず、またそこが都心か、近隣内か、奥深い田園かを問わず、聖なる場所を無条件で保護する場所を制定すること。そうすれば、身近な自分たちのルーツが侵されずにすむ」

・「禅窓」――「禅的な眺望の原型は、このパターン名の由来する日本のある有名なすまいにある」「したがって、美しい眺望のある場合は、年中それを眺めるような巨大な窓をつくり、眺望を台無しにしないこと。また、転換点――歩行路ぞい、廊下、より付きの道、階段、部屋と部屋との間など――に眺望を見晴らす窓を設けること。見晴らし窓を正しく配置すれば、人がその窓に近づいたり通過する際に、遠方を垣間見ることになる」ベニス、フィレンツェ、アムステルダムなどの古い都市、ドイツ、フランスなどの小さな集落、数々の宗教建築、そしてかつての日本。そこには、これらのパターンがそれぞれの個性(気候や風土、歴史そして文化や宗教の下で形作られる)のもとで見事に結合されていた。

アレグザンダーは、都市は少しずつ歴史を積み重ねながら「成長するもの」と考えている。パターンの集積と成長を保障するのは、現代では都市マスタープランと都市条例である。

自治体の台頭

しかし、日本では自治体が都市マスタープランをつくり、これを条例で保障するのは大変むずかしい。確かに、表面的には、日本でもできるようになったが、本質は国家による統制がいまだに続いている。自治体マスタープランとはこのような国家の支配に対する闘いの歴史であった。

筆者たちは、前著『都市計画 利権の構図を超えて』でこうした自治体の反乱を紹介した。ここではそうした動きを簡単に振り返っておこう。

自治体は当初、乱開発に対処するために「宅地開発指導要綱」を制定して、事業者に対して、ごみ、消防、公園などのインフラの設置や近隣住民との話し合いを義務づけた。事業者はこれに対して前にみた「土地所有権の自由」に対する侵害として反撃する。

要綱はあくまで行政指導であり、効力が弱い。そこで自治体はさらにこれを「景観条例」や「町づくり条例」として発展させる。景観条例は、奈良や京都などの歴史都市の景観を守ろうとするものと、琵琶湖や宍道湖などの自然的景観を守ろうとするものが最初だ。

最近では国立市などの近代都市にも広がるようになった。「町づくり条例」では、神奈川県真鶴町の「美の条例」が有名であり、筆者たちの『都市計画』などでも紹介している。

問題は、後に詳しくみるが、地方分権がいわれる今でも、このような都市条例が上位法である都市法に違反するとされていて、一般化できないということだ。実際、これを強制しようとすると、事業者からものすごい抵抗を受けることになる。

これを地でいったのが東京国立市のマンション事件であり、それは自治体、市民と事業者の紛争といったものをはるかに超えた「激突」というものであった。

国立マンション事件

東京国立市は関東大震災後、ドイツのゲッティンゲン大学などの都市づくりを参考にして、「大学都市」としてつくられた。瀟洒なＪＲ中央線国立駅を降りると、真っ直ぐにのびる道路と南側の並木は、これが日本の都市かと思わせるほどの「景観」を誇っている。

表 6-1　国立市大学通りマンション問題の主な経緯

1989. 10	近隣商業地域から商業地域に用途変更．高さ制限を撤廃
96. 8	「文教都市のまちづくりを進める市民の会」が用途変更に伴い景観権を侵害されたとして東京都と国立市を提訴
98. 4	国立市が都市景観形成条例を施行．高さ制限は盛り込まれず
99. 4	上原公子が市長に当選
7	明和地所が東京海上からマンション建設予定地を購入
9	近隣住民が 5 万人の署名を添えて提出した計画見直しの陳情が市議会本会議で採択される
11	明和が 18 階建てから 14 階建てに計画変更
2000. 1	明和が都の建築確認を得て掘削工事に着手
	市が地区計画の都市計画決定を公示
	「東京海上跡地から大学通りの環境を考える会」が東京地裁八王子支部に建築禁止仮処分申し立て
2	市が地区計画の条例公布
5	上原市長が都市景観形成条例にもとづき明和に高さ是正を勧告
6	東京地裁八王子支部が，建設差し止め仮処分申請を却下(①)
8	上原市長が条例にもとづき明和の勧告不服従を告示
12	東京高裁が 20 メートルを超える部分の違法性を認定(②)
01. 1	都が建築基準法にもとづく是正命令を拒否
3	「考える会」が都知事に 20 メートルを超える部分の是正命令を出すよう文書，署名を提出
12	住民が東京都多摩西部建築事務所長らを相手に「違法建築物への除却命令を発しないことの違法確認等」を求めた裁判で，東京地裁が違法建築物と認定し，是正命令権限を行使しないことが違法であることを確認(③)
	住民が規制緩和で景観権を侵害されたとして都と市を訴えていた裁判で，東京地裁八王子支部が住民側の請求を棄却
02. 2	明和が国立市と市長を相手に「地区計画条例の無効確認と損害賠償」を求めた裁判で，条例無効等の訴えは却下，4 億円の損害賠償は認める(⑤)
6	建築物除却命令請求事件の控訴審で，東京高裁が一審の都側の敗訴部分を取消し，住民側の訴えを全面却下(④)
12	東京地裁が明和に建物の高さ 20 メートルを超える部分の撤去を命ずる判決(⑥)

(丸数字は表 6-2 に対応)

紛争をめぐる裁判所の判断

違反建築か否か	判　決
・土を掘削する根切り工事等が建築工事に含まれないとはいえず，本件マンションは「現に建築…工事中」の建築物に当たるから，本件建築物制限条例が有効であるとしても適用はされず，建築基準法には違反しない	・本件マンションによって債権者らが被る被害はいずれも受忍限度の範囲内にあり，景観を享受する利益を法的保護に値する具体的な権利とみることは困難であるから，仮処分申請は却下する
・根切り工事は人工の構造物を設置する工事に着手していたと認めることはできず，本件建築制限条例施行時点で「現に建築の工事中」とはいえないから，その高さの点において建築基準法に違反する	・景観に関する利益，環境のいずれも裁判規範となる立法はされていないし，住民らの主張する日照被害は受忍限度を超えるものではないから，建築を差し止める根拠とはなりえず，抗告は棄却する
・本件建物の敷地に将来建築物となる人工の構造物は存在せず，本件建物は「現に建築の工事中の建築物」とはいえないから，本件建築条例が適用され，20 m 超の部分は違法建築物である	・東京都多摩西部建築指導事務所長が是正命令権限を行使しないのは違法である ・是正命令権限行使の方法は裁量の範囲内にあるので，是正命令をせよとの請求は却下 ・検査済証を交付してはならないとの不作為を求める法律上の利益はない
・根切り工事の継続により建築主の建築意思が外部から明確に認識でき，本件建物は条例施行時点で「現に建築…の工事中」と認められるので，条例の適用はなく，建築基準法に違反しない	・一審原告の本件控訴をいずれも棄却し，検査済証交付処分の取消しの訴えを却下し，東京都多摩建築指導事務所長の敗訴部分を取消す
・地区計画の無効確認，取消しを求める部分は不適法．条例の無効確認，取り消しを求める部分は訴えの利益がない	・地区計画の決定及び条例の制定は「景観の保持の必要性を過大視するあまり，既存の権利者の利益を違法に侵害したもの」として，市に 4 億円の損害賠償を命じた
・本件建物は条例施行時点で「現に建築…の工事中の建築物」に該当し，建築基準法には違反しない	・大学通り沿いの地権者らは，景観を維持する義務を負うとともに，その維持を相互に求める利益(景観利益)を有するに至ったと認められる．景観利益の特殊性と被害の程度から金銭賠償では救済できず，高さ 20 m 超の部分の撤去を命ずる必要がある

表 6-2　国立市大学通りマンション

名　称	原告・被告	請求内容
①建築禁止仮処分申立事件(東京地裁八王子支部決定 2000. 6. 6)	債権者：住民 債務者：明和地所，三井建設	・建築の差止め，または 20 m 超の部分の建築工事差止め
②①の抗告審(東京高裁決定 2000. 12. 22)	住民側が抗告	・建築の差止め，または 20 m 超の部分を仮に撤去せよ
③建築物除却命令等請求事件(東京地裁判決 2001. 12. 4)	原告：住民 被告：東京都多摩西部建築指導事務所長・東京都建築主事	・東京都多摩西部建築指導事務所長が 20 m 超部分の建築禁止・除却命令を発しないことが違法であることの確認及び同旨の命令をせよ ・東京都建築主事は検査済証を交付してはならない
④③の控訴審(東京高裁判決 2002. 6. 7)	住民と東京都多摩建築指導事務所長の双方が控訴	・東京都多摩建築指導事務所長が 20 m 超部分の除却命令を発しないことが違法であることの確認及び同旨の命令をせよ ・東京都建築主事のした検査済証交付処分の取消し
⑤条例無効確認等請求事件(東京地裁判決 2002. 2. 14)	原告：明和地所 被告：国立市及び国立市長	・地区計画，建築物制限条例の高さ制限部分の無効確認または取消し ・国立市長の条例公布行為の無効確認または取消し ・市に対する 4 億円の損害賠償請求
⑥建築物撤去等請求事件(東京地裁判決 2002. 12. 18)	原告：住民 被告：明和地所，三井建設，マンション購入者	・20 m 超の部分を撤去せよ ・日照被害や景観破壊に対する慰謝料請求

国立市民はこの景観を守るべく、戦後一貫して歩道橋の設置反対運動、用途地域指定替えによる住環境の保護、そして何よりもいちょう並木の高さを超えないように自分たちの建築物を二〇メートル以内に抑えるという自己規制をしてきた。

現市長の上原公子は、このような町づくり運動のなかから選ばれた市長であり、選挙公約はもちろん、当選後の第一声も「住民とともに町づくりを進める」であった。

国立市の大学通りに建設されたマンション

しかし、その一九九九年の当選直後から事件は始まる。株式会社明和地所がこの並木の高さをはるかに超える高さ四〇メートルのマンションを計画したからだ。

これに対して、市長はもちろん、国立市民七万人のほとんどすべてが「反対」の声を上げたが、工事は着々と進められ、事件は裁判にもちこまれた。その流れは表6-1に掲げてある。

裁判はいくつも提起され、表6-2のように、住民が勝ったり、業者が勝ったりさまざまである。そのなかで、特に決定的だと思われる表6-2の中の⑥「建築物撤去等請求事件」をみてみよう。

景観判決の意味

国立市の「景観利益」判決は高いビルを弾劾した。判決はいう。地権者らは大学通りの景観を維持しようとして、並木より高い建物を建てない、という人工的な景観を七〇年以上もの長期にわたって維持してきた。

「これは社会通念上もその特定の景観が良好なものとして承認され、その所有する土地に付加価値を生み出したと認められるから、当該地権者らは、従来の土地所有権から派生するものとして、本件景観を自ら維持する義務を負うとともにその維持を相互に求める利益(景観利益)を有するに至ったと認めることができる」

そして、これを妨害したものは、建築後であっても、それを撤去しなければならないというのである。判決は、第一章で示唆した土地所有権という都市の根源的な要素を手がかりに、そしてまた、従来の通説とはまったく正反対の方向で、すなわち「土地所有権の自由」ではなく「土地所有権には義務を伴う」という観点から、高層建築に対決する新しい都市の論理への胎動を知らせる。

先にみたように、自治体は美しい都市のためにさまざまな町づくり条例を制定してきた。しかしこの条例については、そもそも景観とは何か(定義)から始まって、それは法的なコントロールに馴染むのか(具体的な基準や違反したときの制裁措置)、さらには自治体は現在の中央集権的な都市法のもとで、果たしてそのような条例を作ることができるのかということまで、さまざまな論争があった。

ちょっと調べてみればわかることであるが、論争はそれぞれの立場を反映して、混迷に混迷を重ねた。その最大の原因は論争に決着をつけるべき裁判所がこの問題について終始消極的であったからである。それではこの判決で見通しがついてくるのであろうか。私たちはもう少し裁判について勉強しなければならない。

この問題に関する裁判には市民と事業者が争う民事訴訟と、市民と行政が争う行政訴訟がある。双方はそれぞれ目的を異にしているので一概に論じることは難しいが、大まかに言えば、双方とも市民が裁判所で勝つということはきわめて難しいという点では共通していた。

民事訴訟の壁

まず民事訴訟からみてみよう。

東京地方裁判所は一九七〇年代、つぎつぎに「日照権」を認めて建設の差し止め判決を行なった。そしてこれが契機となって、一九七七年に、ついに建設省も建築基準法に「日影規制基準」を定めて日照の保護をはかるようになった。

しかし、この「日影規制基準」が大変甘く、特に用途地域とリンクして基準を決めているために、大きな矛盾があった。この矛盾の解決のために、学問的にいえば、たとえ形式的にこの日影規制基準に適合(つまり公法的に合法)していたとしても、なお被害が大きい場合には、違法(私法的に違法)として差し止めることができる、とされている。

ところが、日影規制ができてから国立判決が出るまで東京地方裁判所は実に二〇年の長期にわたって差し止め判決を出すことがなかった。

なぜ差し止めを出さないようになったのか。

日影規制基準制定後まもなく日本はいわゆるバブルが発生し、地価は異常に高騰していく。こうしたなかで第一章にみたように、東京駅周辺の三菱地所による大規模開発計画(通称、三菱マンハッタン計画)、東京臨海副都心など数え切れないほどの再開発プランが出され、しかもそれに疑問を挟むものがほとんどないまま、いかにも実現しそうな雰囲気になった。こういう社会的気分が裁判所に高層ビル・ノーという姿勢を失わせていった。あるいは都市が今後どのようなものになるか、だれにもわからなくなり、ノーという確信がもてなくなった。

法的にいえば、このころ規制緩和が始まり、第三章でみたように、とくに容積率のアップがどんどん認められるようになった。容積率のアップは「絶対的土地所有権」すなわち「土地利用の自由」の当然の結果とされ、都市計画法や建築基準法の改正は、利権のためとはいえ、少なくとも建前上は国民を代表する国会が決めている。これを一人の裁判官が覆せるわけがない、といったようなこともあったであろう。

さらにいえば、私法的な違法判断の核心になる被害といったものにもある種の疑念が生じてきていた。

裁判所では被害論はこうなっていた。命や健康に被害が及ぶ可能性があると立証されれば、裁判所はもちろんそれを差し止める。日照、騒音などもすぐに命にかかわるというほどではないが、長期的には健康上問題があるというような被害についても商業地域と住居地域にわけ、住居地域で被害がひどいときは差し止めを認めた。しかし景観など直接的な被害が認められない場合はこれを法的権利として認めないというのが一般的な理解だった。

やがて、被害のなかで、中程度にある日照についても、建築基準法で最低限はクリアされているという理由で、裁判所はこれ以上踏み込まないという姿勢をとるようになった。

なぜ踏み込まないかというと、日照被害者は自分もマンションなどを建てるか、あるいは売却して他所に移る、さらには高額な損害賠償を得るというような事態が多発してきたからである。

裁判所はこのような場合、「被害が固定しない」として踏み込まないのである。

裁判所の路線転換

ところが、国立判決は、景観といういわば被害論としてはもっとも軽いものを権利として認めた。これは裁判所の路線転換である。欧米ではこれも当然として認められているが、日本では画期的、というより革命に近い、といっても良いだろう。

健康に直接かかわる被害がなくても景観を権利として認めたというのが第一だ。ただ権利といっても、具体的には次の三種類がある。損害賠償を求める権利、差し止めを認める権利、そして撤去を認める権利である。このうち、裁判所は建物が建てられた後に、被害があるとして損害賠償を認める(ほとんどが金銭和解)というのが通常の取り扱いであった。

差し止めは、相手方・事業者に与える損害が大きいとして例外的にしか認められない。さらに建物が建った後に建物を撤去させるというのは、事業者には大打撃であるし、実際に構造的に一体となっている建築物について、うまく撤去できるかどうか(費用も莫大なものになる)というようなこともあって、実際はほとんど認められなかった。

今回の国立の場合は、建物が建っているというだけでなく、すでに入居者もいた。それにもかかわらず、このもっとも強い撤去の権利を認めたという点で、まさに権利論の上でも革命的なのである。

これを別な側面からいえば、このようにもいえるであろう。事業者はこれまでいくら市民から批判を受けようと、とにかく建築確認を受け、工事の着工さえしてしまえば、絶対に勝つと考えていた。仮に裁判に訴えられようとも、これまでみてきたように最大でも金銭和解であり、その損害はたいしたことがない。差し止めや、いわんや撤去など絶対にありうるはずがなかった。

これを前提に銀行などの金融機関は事業者に融資し、入居者もまた同じようにマンションを買ってきたのである。社会的にいえば、高いビルを許してきたのはこれが最大の原因である。

しかしこの判決によって、建築確認を得ても、建物が完成しても、後で、撤去を命じられることがありうることになった。この事実は金融機関や消費者に対して重大な警告となる。言い替えれば、金融機関は今後、無残な姿をさらす可能性のある建築にはうっかり金を融資してはならないし、消費者も買ってはいけないのだということを、この判決は教えたのだ。

行政訴訟というバリヤー

つぎに行政訴訟だ。国立の場合も市民は事業者だけでなく、表6-1のように建築確認を行なった東京都建築主事を訴えている。建築だけでなく、市民は全国各地でダム、埋め立て、道路の許認可をめぐってたくさんの訴訟を行なってきた。しかし、ここでも市民は冬の時代をすごさなければならなかった。

行政訴訟は、大臣、知事、建築主事など行政が行なった処分について違法がある、として訴えるものであるが、この訴訟で市民が勝つためにはいくつものハードルを超えなければならない。

まず原告適格(行政事件訴訟法第九条)がある。取り消しの訴えは、取り消しを求めるにつき法律上の利益を有するものでなければ行なうことはできない。法律上の利益とは直接に被害を受けるものという意味であり、これによると原告になれるのは建物に近接している人だけであり、一般市民は除外される。

つぎに、内閣総理大臣の異議(同法二七条)である。内閣総理大臣は市民が執行停止の申し立てをしたとき、異議を述べることができる。工事が進んでしまうと市民の権利を救済することができないと裁判所が考えたときは、申し立てにより執行停止、工事停止をすることができる。しかし内閣総理大臣が異議を述べると、工事は再開される。

そしてさらに、裁量処分の取り消し(同法三〇条)が立ちはだかる。「行政庁の裁量処分については、裁量権の範囲をこえ又はその濫用があった場合に限り、裁判所は、その処分を取り消すことができる」。一般的にいえば、行政庁(官僚)は、ダムや道路をつくる場合にも、それなりに調査を行ない、一応の手続を踏んで決定している。したがって、だれがみても一見して明白に無駄だという決定は存在しないというのが前提となっている。仮にあったとしても、それを市民が独力で証明することはきわめて難しい。

また、特別の事情による請求の棄却(同法三一条)というハードルもある。処分は違法であるが、これを取り消すことにより公の利益に著しい障害を起こす場合には、裁判所は、請求を棄却することができる。

工事が完成した後に取り消すと、これを壊さなければならなくなり、それは公の利益に反するというのである。

市民が勝つというのはこういうことだ。市民はまず法律上の利益を示し、行政の裁量権の範囲の逸脱あるいは濫用を立証し、さらに、工事完成前に、内閣総理大臣の異議をはねのけなければならない。

しかも行政は不利とわかれば、必死になって裁判を引きのばし、その間に事業を完成させてしまうのだ。

市民は、こうした官僚がつくったいくつものハードルを超えられなくてつぎつぎと敗訴してきた。

市民運動の間ではこの間ずっと裁判所に行くなんてまったくのナンセンスと語られてきたのである。しかし、この判決は国立市民に行政訴訟でも勝つ手がかりをプレゼントしてくれた。

すなわち、先にみたように裁判所はすでに建ってしまった建物の撤去を命じた。その理由と

して、

①本件建物の計画から着工完成まで、行政から再三の指導を受けたにもかかわらず、これを受け入れない。

②国立市民の多くが建築反対の意思表明を行なっているのに、認めない。

③事業者は建築基準法さえ守っていれば、その法律が悪法であっても近隣に対して不法行為が成立することはないとタカをくくっている。

④本件土地に高層建物を建てることにより、それまで保持されてきた景観が破壊されることを十分認識しながら、自らは、景観の美しさを最大限アピールし、景観を前面に押し出したパンフレットを用いるなどしてマンションを販売した。このことは、いかに私企業といえども、その社会的使命を忘れて自己の利益の追求のみに走る行為である。

⑤事業者は建物を撤去すると約五三億円の損失を被る。しかしこの損害は、景観破壊を認識しながら建築を強行したことによって発生したものであり、経営判断の誤りである。

この論理は民事訴訟だけではなく、行政訴訟にも通じるであろう。すなわち建物が建ったからといって、先にみた請求を棄却する「特別の事情」にはあたらない。そもそも仮に建築基準法に適合したとしても明らかに景観を破壊する場合にまで確認を下ろすのは、明白に「裁量権の範囲」を超えるものとして違法なのである。

二一世紀への手がかり

こうして私たちは、ようやく二一世紀にはいって、裁判所で景観を権利とする手がかりを得ることができるようになった。

私たちはその上に立って権利の創造をしなければならない。

それでは国立判決が認めたこの権利によって、高いビルを阻止していくことができるのだろうか。それともこれは国立という特別な地域の特別な判決なのであろうか。あるいは国立市民は最高裁判所でも勝てるのであろうか(事業者は敗訴判決すべてについて争っていて、いずれも最高裁判所まで争われるだろう、といわれている)。いまのところ誰もこれに答えることはできない。

しかし、判決がどうなろうと、新しい権利論が生まれたということは確実である。特に注意したいのは裁判所がこの景観利益について、景観を守るのは「土地所有権の内部に含まれる義務」としたことだ。これは日本の絶対的所有権に対して、反旗を翻すものであり、私たちがこれまで主張してきたドイツのワイマール憲法の「土地所有権には義務が伴う」、具体的には、ドイツ地区計画のもととなっている、「計画なければ開発なし」あるいは「建築の不自由」という考え方への第一歩、ということができるであろう。

反撃する市民

高いビルの封じ込めはここからはじまる。そこで、これを現在の都市法の枠内で実現する方法を具体的に提案すればつぎのようになる。

第一に、市民は自分たちの地域をどうしたいか市民どうしで相談し、これを協定(市民まちづくり協定)にして具体化する。これに全員同意であれば建築基準法の「建築協定」に移行し、六―七割くらいの同意があれば都市計画法の「地区計画」にする。建築協定と地区計画はともに、市民の合意した土地利用規制であるが、建築協定は建物の建ぺい率や容積率などの形態しか規制できない。一方、地区計画のほうは形態規制のほかに意匠や路地のコントロールができて、建築協定よりも幅広い法的効力を与えるもので、町づくり、というものにつながる。

第二に、自治体に対して、町づくりについて条例を定めるよう運動を起こす。当初、都市計画や建築基準を建設省が完全支配していたころ、自治体は条例を制定することができず、事業者に、いわばお願いをするだけの「指導要綱」にとどまっていた。これだと事業者に拒否されれば建築を止めることができない。しかし地方分権の声が強くなるようになって、自治体は徐々に条例によって放置自転車、風俗、ワンルームマンションなどの規制を行なうようになった。

なかでも先に紹介した一九九五年に神奈川県真鶴町が制定した「美の条例」は、美の基準によって、建築をコントロールしようというものであり、画期的なものであった。

この「美の条例」は中学校の教科書にも掲載されるようになった。文部科学省の方が国土交通省より進んでいるのかもしれない。とにかく、このような条例を全国に広める必要がある。

建設省のサボタージュ

市民はいまや孤立していない。美しい都市に住みたい、美しい都市をつくりたいという望みは国立判決で権利として確認された。真鶴町や国立市のように、市民たちは町の将来像をマスタープランに描いていくのだ。

欧米では、土地の所有権に義務が伴うことを前提に市民が高層ビルやマンションを拒否する権利を持ち、自ら条例をつくる手法で美しい都市がつくられ、維持されている。言い替えれば、現代の廃墟はこうして防がれている。

しかし、日本ではこの国立判決があっても、まだ住民たちの前に厚い壁があることも否定できない。憲法問題まで含めてさまざまな問題が待ちうけている。

一番大きな問題点は、町づくりが地方分権の目玉商品といわれていながら、都市法は建設省（国土交通省）の巧妙な操作によって、骨抜きにされているということである。

都市計画や建築基準も二〇〇〇年四月に施行された地方分権一括法によって表面上、これまでのような何でも霞ヶ関という「機関委任事務」が廃止され、自治体が自主的に運営できる「自治事務」に変えられた。マスコミや学者もこれをみて、今度こそはこの分野でも大いに地方分権が進むと喧伝した。

しかし、この自治事務は名ばかりのもので、実際はこれまでとまったく変わりのないものであった。たとえば自治体は建築確認に対して介入できない。自治事務といいながら、事業者の申請した計画が法律にあえば一定期間内に必ず建築確認をしなければならないというのだ。

国立はもちろん、全国で悲劇が発生し、紛争が絶えないのは、これが最大の原因である。しかし実はそれだけでなく、この間、もっと悪いことも起きている。それはこの建築確認事務について、自治体から民間(建築士会等)に委託されるようになって、自治体は審査どころか書類すらみることができなくなったのである。

指導要綱や条例があれば、自治体は、それでも建築確認の申請書が手元にある、ということを前提に、事業者を説得したり、時間稼ぎをしたり、あるいは水道供給やごみ処理をしないなどからめ手から、なんとか修正させようとしてきた。しかし、今度はそもそも書類がなく、事業者との接触すらできず、自治体はお手上げになる。

条例の内容に対する制約も大きい。景観と一口にいうが、自然景観、歴史的都市の景観、近代都市の景観はすべて異なっている。また景観は、高さ、容積率、建ぺい率などの数字では把握できない。

したがってこれまで何回か報告してきたように、真鶴では建物の形を規制するというだけでなく、景観を「言葉」(アレグザンダーのいうパターン)で表現し、これらを六九のキーワードにまとめた。しかし真鶴は異例中の異例であり、多くの条例は、このような言葉の表現に苦労し、一般的にいえば、他の景観と「調和」させるというような抽象的な表現にとどまった。真鶴の場合は、言葉は規則として拘束力をもつが、他の条例は単なる美辞麗句に過ぎない。

違反した場合の処置も不徹底だ。地方分権が進まない、というのは端的にこのことをさす。真鶴の場合、もちろん公聴会や議会審議を経てというプロセスを踏んだ上であるが、町長は「美の基準」に違反する事業者に対して「水道を供給しない」という強い罰則まで踏み込んだ。

しかし他の自治体では、建設省や裁判所からの「違法」の烙印を恐れて、そこまで踏み切れず、条例とはいえ、事実上、法的拘束力のない行政指導にとどまった。国立市もせっかくの景観条例を持ちながら、裁判沙汰にまでもつれ込んでしまったのは「高さ二〇メートル制限」について行政指導(最終的には違反した事業者の「氏名公表」)にとどまったからである(なお建築確認後、二〇メートルに法的拘束力を持たせるために先にみた地区計画を行なったが、裁判では建築確認と地区計画のどちらが有効か争われている)。

だが、国立判決の認定した権利論を土台にすえて全国すべての自治体が、どのような町をつくるか、それぞれ条例で定められる、というようにすれば事態は一変する。高いビルに関していえば、市民はそれを望まない場合、条例で阻止できる。認める場合でも、いまのように都市のどこにでも建つ、というようなものではなく、駅前など一部に限定されるであろう。

そこで私たちは、もう一度、自治体はそうした条例を制定できないのかという原点に立ち戻らなければならない。

議員立法

さて、読者にはこの問題を考えるうえで、筆者たちの前著『都市計画』を思い出していただきたい。私たちは一九九二年、つまり地方分権が始まる数年前にすでにこの都市計画法や建築基準法の改革案を議員立法として国会に提出している。

当時は、さすがに政府もバブルによる折からの地価高騰で都市計画がずたずたにされていることをみて、市町村マスタープランを創設し、自分たちの町をどうしたいか、都市計画として定める、という案を、二一世紀都市計画法をにらむ大改正として華々しく打ち出さざるを得なくなった。私たちは野党共同提案としてそれをさらに具体化し、強力にするために対抗したのである。

争点は五点であった。

・マスタープラン　マスタープランの策定について政府案は従来からの「整備開発保全の方針」をそのままにして、市町村マスタープランを定めるとしているのに対し、共同案は「整備開発保全の方針」それ自体を市町村マスタープランと整合させる。

・議会関与　政府案はマスタープランには議会を関与させないというのに対し、共同案は議会が議決するとしたほか、市町村は開発許可基準を条例で定めることができるとした。

・住民参加　政府案は意見書、公聴会など従来通り、共同案は公聴会を義務づけたほか、自治体の応答義務を付け加えた。

・市街化調整区域及び白地区域　政府案は容積率二〇〇%などの制限、共同案は第一種住居専用地域と同じレベルの制限。

・開発許可　政府案は従来通り、共同案は自治体条例で制限強化する。

ちなみにいえば、政府案に対して野党が対抗案を出したのは建設省始まって以来のできごとであり、政府案は現在の山崎拓幹事長が建設大臣として、野党共同案は現在の民主党党首菅直人が社民連の議員としてそれぞれわたり合うというきわめて緊迫した、また中身の濃い議論が展開されたのである。

内容をみても、それは今回の地方分権の水準をはるかに超えていたのである。結果は「数の論理」により政府案が一部改正のうえ可決され、共同案は否決された。

もし共同案が可決され、全国自治体が新しい共同案にもとづいて自由に「町づくり条例」を定めていたとしたら、本書全体でみたような今日の悲劇は回避されていたであろう。

そこで、私たちはもう一度このような案を国会に提出できるかどうかである。

憲法上の論点

議員立法は誰でも自由に作れるというわけではない。それは議院法制局と各政党の承認が必要だ(国会法では衆議院では提案権は議員二〇人などと定め、政党の承認は不必要になっているが、実際は政党の承認がなければ提出できない)。

どちらの承認も苦労するが、共同案作成に携わった筆者のひとり五十嵐にとって印象的であったのは、それ以前の、そもそもそういう法案ができるかという論点であった。議院法制局との折衝の中で、絶えず「絶対的土地所有権と都市計画制限」の関係について、都市計画による土地所有権の制限を、中央集権を維持してできるだけ認めないという法制局と、自治体主導のもと強く認めるべきだという私たちの主張が鋭く対立し、何回も暗礁に乗り上げた。

前者の理論の典型が、前著で報告した内閣法制局が採用している「国家高権の理論」である。彼らは現行憲法二九条の「土地所有権」とは、国家だけが土地利用権限をもち、つまり土地所有権の制限は国のみの権限であると主張し、しかもそれは原則自由なものでなければならない、というものであった。

野党共同案はそのような理論に地方分権の論理で対抗して、どうにか創り上げられたが、もうひとつ重要で基本的な宿題が残された。それは、景観が法的保護法益となった場合に、これをどうコントロールするか、ということである。

ここはやや法の理論として一般読者には理解しにくいところであるが、条例による自主的なコントロールを認めたとしても、それは、自治体が勝手にやってよいということではなく、やはり、法律と条例との間の整合性という問題が残るということである。

そこでこの法律を見ると、筆者たちが『都市計画』などで指摘してきたように、土地利用制限の手段として、線(都市計画区域、市街化区域などの線引き)、色(商業地域、住居地域などの用途地域、これは実際に赤、緑などの色で区分される)、数値(容積率、建ぺい率など)を使っていた。

その結果、自治体の定める条例もこれに制約されて、景観についても、「周辺との調和」というように抽象的な表現しかできなかったのである。唯一これを打ち破っているのが真鶴町の「美の条例」の「聖なる所」「静かな背戸」「夜光虫」などの言葉(規則)であるが、これを本格的に、正面から規定することが困難になっているのである。そこで私たちはもうひとつ思考を上昇させなければならないと考えた。

それは「土地所有権の自由」を定めた憲法それ自体を見直す、ということである。

世界の憲法にみる

まず、世界の憲法がどうなっているか、これを見ておきたい。

イタリア憲法九条二項「共和国は、国の風景ならびに歴史的及び芸術的財物を保護する」

インド憲法五一Ａ条六「多面的要素を含んだインド文化の豊かな伝統を尊重し、維持すること」

スイス連邦憲法二四条六－一「連邦は、自己の任務の遂行にあたって、自然および郷土の保全に関する懸案に顧慮する。連邦は土地状況、地域景観、史跡および自然記念物および文化的記念物を愛護する。連邦は、右のものに公的利益が認められる場合には、それを完全な形で保存する」

同七三条「連邦および邦は、一方では、自然とその更新力との間の、長期にわたって釣りあいの取れた関係を作り出し、また他方では、自然を人間による使用に耐えるようなものとすること」

スペイン憲法四六条「公権力は、スペイン国民の歴史的、文化的および芸術的財産、ならびにその構成部分につき、法的地位および所有のいかんにかかわらず、その保護をはかり、その育成を奨励する」

大韓民国憲法三五条一「すべて国民は、健康かつ快適な環境のもとで生活する権利を有し、国家および国民は環境保全につとめなければならない」

ドイツ連邦共和国憲法一四条二「所有権は、義務を伴う。その行使は同時に公共の福祉に役立つものでなければならない」

ブラジル連邦共和国憲法二三条三「文書、作品、その他歴史的、芸術的、文化的価値を有する財産、遺跡および著名な天然の景観ならびに考古学的地域の保護」

ロシア連邦憲法四四条三「各人は、歴史的および文化的な遺産の保護に配慮し、歴史と文化の記念物を大切にしなければならない」

ポーランド共和国憲法七四条四「公的権力は、環境を保護しその状態を改善するため市民の行動を支援する」

ここには、本書で使用した美、あるいは景観と同じ内容の意味をもつ多様な言葉が用いられている。景観、風景、歴史、文化、芸術、環境などだ。また、ここには、保護、尊重と維持、愛護、奨励、つとめる、支援するなどという言葉がある。さらに、ドイツには、「所有権には義務を伴う」という規定が見られ、ブラジルなどの憲法でも同様の内容を含む規定がある。

日本の憲法

これをもう一度日本と比べてみよう。

日本国憲法二九条

1　財産権は、これを侵してはならない。

2　財産権の内容は、公共の福祉に適合するやうに、法律でこれを定める。

この条文と他の憲法を比較すると、世界の憲法が日本のそれよりもはるかに多くの言葉を通じて景観、風景、環境などの価値を守ろうとしていることがわかるだろう。

ついで、日本国憲法が、権利についてこれを侵してはならない、というように所与のもの、つまりすでに与えられたものとして規定しているのに対して、他国の憲法が、奨励、つとめる、支援するなどのように、国民全体で、未来に向けてつくり上げるものとしている。

さらに、文化、伝統、歴史、芸術など必ずしもその定義が明瞭でない言葉に対しても表現の自由や信教の自由といったものと同列において確定的な価値とみなしていることも強調したい。

最後にまた、土地所有権もこのような価値と同列なもの、あるいは土地所有権には義務を伴う、などとして、これらの価値を守ることを土地所有権の当然の義務としている、ということがわかる。

日本の憲法の絶対的土地所有権の規定だけが唯一なものではない。世界にはこれと異なるたくさんの憲法があり、また憲法があろうとなかろうと法律でこれらの価値を守ろうと努力している。

世界各地にある美しい都市は、過去の遺産の上に、あるいはまったく最初からこのような都市をつくろうと憲法や法律を制定して努力してきた。だから美しいのである。

日本でも憲法の中にこのような「美しい都市をつくる権利」を定め、現在の都市計画法や建築基準法を廃止し、まったく新しい都市法を制定する目標を持って、いまこそ私たちは意志とエネルギーをふるい起こさなければならない。

国家高権の理論も超高層ビルも、その努力によってはじめて倒すことができるのである。

読者へ――あとがきに代えて

お読みいただいたご感想はいかがでしょうか。

私たち市民が政府や自治体に税金を払っている重要な動機の一つは、できるだけ多くの人々の生活の質の維持と向上を願うからです。そのなかには、市民のための都市政策も含まれるはずです。

しかし、お読みいただいたように、私たちの生活に重大な影響を及ぼすその都市政策については、政府も自治体の多くも「敵」といっては語弊があるとすれば、対立者として市民の前に立ち現れているといっても過言ではないでしょう。

そして不条理極まりない都市政策は、まったく整合性を欠いた長年の失政の結果であり、その一部だということを改めて指摘したいと思います。

筆者たちの共通の友人に、今年の初めまで日本の大学院で勉強していた米国の青年がいました。毛筆で手紙を書いてくるほど日本語に堪能で、日本に関する知識も深いものがありました。

昨年秋から米国に帰っては就職活動をしていたのですが、「日本の時代は終わった。君が中国のことを勉強していたらすぐ採用だ」といわれ続け、結局、日本と関係ない仕事についています。最近の手紙にこうありました。

「ワシントンでは、日本は不良債権の処理もできない国だとして見捨てられています。いまは中国ブームで、我が国の政官財は日本を通り越して中国に押しかけています。東京に増えているのは、ミニ・バブル崩壊でさらに急増する不良債権処理で儲けようとするハゲタカばかりです」

私たちは自分たちが気づかないうちに、日本は重大な危機に陥っているのではないでしょうか。その象徴が都市計画を解体した都市再生本部の動きだったというのが筆者たちの判断であり、この本を書いた動機でもあります。

この危機から脱出するには膨大なエネルギーが必要です。まずなにより一つひとつの現場、読者がおられる場所が原点です。現場で声を上げ、行動しなければ何も変わりません。

こうした市民の運動を支えるには自治体の存在が重要ですが、残念ながら今日ではあまり期待できないのが実情です。ほとんどが国の法律の守護神であっても、市民の味方ではありません。

指導要綱などを定めて抵抗した、かつての横浜市などの革新自治体のころに比べると、今日の自治体のエネルギーはずっと落ちています。しかし、最近では長野県の田中康夫知事とその脱ダム政策などの例をみると、一人の首長を選ぶだけで事態ががらっと変わる可能性が出てきたことも確認できます。

最後は国です。私たちの率直な感想をいうと、一方ではこの国は変わりようがない、という絶望的な気持ちと、しかし他方で市民は本書が報告したようなこの国の破壊をこのまま許すはずはない、という期待が同居しています。

現在の政官財複合体を一掃する必要があります。それでは、戦後の長きにわたって膨張してきた腐敗構造の解体はどうしたら可能なのでしょうか。この問題は、市民は「市民の政府」をどうしたらつくることができるかという問題と表裏の関係にあり、これが宿題として残されました。

最後になりましたが、筆者たちが編著者をつとめた『公共事業は止まるか』で編集を担当していただいた岩波書店新書編集部の小田野耕明さんに、この本でも企画の段階からお世話になり感謝しています。遅れがちな締め切りと大量のゲラを処理してくださり、まさに三人四脚の仕事でした。

また私たちの取材や資料集めに協力してくださった多くの方々にもお礼を申さなければなり

ません。

そして「市民の政府」の問題でまたいつか読者にお目にかかれる日がくることを期したいと思います。

二〇〇三年三月

五十嵐敬喜
小川明雄

五十嵐敬喜
1944年山形に生まれる
1966年早稲田大学法学部卒業
現在―法政大学教授・弁護士
著書―『美しい都市をつくる権利』(学芸出版社),『市民の憲法』(早川書房) ほか

小川明雄
1938年東京に生まれる
1961年東京学芸大学英語科卒業. AP通信社, 朝日新聞社を経て
現在―ジャーナリスト
著書―『日本崩壊』『日本錯乱』(早川書房, 筆名・御堂地章) ほか

五十嵐・小川の共著
『都市計画 利権の構図を超えて』『議会 官僚支配を超えて』『公共事業をどうするか』『市民版 行政改革』(以上, 岩波新書),『公共事業は止まるか』(共編著, 岩波新書),『図解 公共事業のウラもオモテもわかる』(東洋経済新報社)

「都市再生」を問う　岩波新書(新赤版)832

2003年4月18日　第1刷発行

著　者　五十嵐敬喜《いがらしたかよし》　小川明雄《おがわあきお》

発行者　大塚信一

発行所　株式会社 岩波書店
〒101-8002 東京都千代田区一ツ橋 2-5-5

電　話　案内 03-5210-4000　販売部 03-5210-4111
新書編集部 03-5210-4054
http://www.iwanami.co.jp/

印刷・理想社　カバー・半七印刷　製本・中永製本

ISBN 4-00-430832-1　Printed in Japan

岩波新書創刊五十年、新版の発足に際して

岩波新書は、一九三八年一一月に創刊された。その前年、日本軍部は日中戦争の全面化を強行し、国際社会の指弾を招いた。しかし、アジアに覇を求めた日本は、言論思想の統制をきびしくし、世界大戦への道を歩み始めていた。出版を通して学術と社会に貢献・尽力することを終始希いつづけた岩波書店創業者は、この時流に抗して、岩波新書を創刊した。

創刊の辞は、道義の精神に則らない日本の行動を深憂し、権勢に媚び偏狭に傾く風潮と他を排撃する驕慢な思想を戒め、批判的精神と良心的行動に拠る文化日本の躍進を求めての出発であると謳っている。このような創刊の意は、戦時下においても時勢に迎合しない豊かな文化的教養の書を刊行し続けることによって、多数の読者に迎えられた。戦争は惨澹たる内外の犠牲を伴って終わり、戦時下に一時休刊の止むなきにいたった岩波新書も、一九四九年、装を赤版から青版に転じて、刊行を開始した。新しい社会を形成する気運の中で、自立的精神の糧を提供することを願っての再出発であった。赤版は一〇一点、青版は一千点の刊行を数えた。

一九七七年、岩波新書は、青版から黄版へ再び装を改めた。右の成果の上に、より一層の課題をこの叢書に課し、閉塞を排し、時代の精神を拓こうとする人々の要請に応えたいとする新たな意欲によるものであった。即ち、時代の様相は戦争直後とは全く一変し、国際的にも国内的にも大きな発展を遂げながらも、同時に混迷の度を深めて転換の時代を迎えたことを伝え、科学技術の発展と価値観の多元化は文明の意味が根本的に問い直される状況にあることを示していた。

その根源的な問は、今日に及んで、いっそう深刻である。圧倒的な人々の希いと真摯な努力にもかかわらず、地球社会は核時代の恐怖から解放されず、各地に戦火は止まず、飢えと貧窮は放置され、差別は克服されず人権侵害はつづけられている。科学技術の発展は新しい大きな可能性を生み、一方では、人間の良心の動揺につながろうとする側面を持っている。溢れる情報によって、かえって人々の現実認識は混乱に陥り、ユートピアを喪いはじめている。わが国にあっては、いまなおアジア民衆の信を得ないばかりか、近年にいたって再び独善偏狭に傾く惧れのあることを否定できない。

豊かにして勁い人間性に基づく文化の創出こそは、岩波新書が、その歩んできた同時代の現実にあって一貫して希い、目標としてきたところである。今日、その希いは最も切実である。岩波新書が創刊五十年・刊行点数一千五百点という画期を迎えて、三たび装を改めたのは、この切実な希いと、新世紀につながる時代に対応したいとするわれわれの自覚とによるものである。未来をになう若い世代の人々、現代社会に生きる男性・女性の読者、また創刊五十年の歴史を共に歩んできた経験豊かな年齢層の人々に、この叢書が一層の広がりをもって迎えられることを願って、初心に復し、飛躍を求めたいと思う。読者の皆様の御支持をねがってやまない。

（一九八八年一月）

岩波新書より

政治

法律